**Wolfgang Merbach, Lutz Wittenmayer,
Jürgen Augustin (Hrsg.)**

Physiologie und Funktion von Pflanzenwurzeln

Borkheider Seminare zur Ökophysiologie des Wurzelraumes

Der Pflanzenbewuchs, das dazugehörige Wurzelsystem und der durchwurzelte Bodenraum nehmen eine Schlüsselstellung in terrestrischen Ökosystemen ein. Hier vollziehen sich komplizierte Wechselwirkungen zwischen Pflanzenstoffwechsel und Umweltfaktoren einerseits und (angetrieben durch die C-Lieferung der Pflanzen) zwischen Pflanzenwurzeln, Mikroben, Bodentieren, organischen C- und N-Verbindungen sowie mineralischen Bodenbestandteilen andererseits. Diese haben entscheidende Bedeutung für die Pflanzen- und Bodenentwicklung, die Nettostoff- und Nettoenergieflüsse sowie für die Belastungstoleranz von Pflanzen und Ökosystemen. Ihr Verständnis ist daher eine Voraussetzung für die Prognose, Abpufferung und Indikation von Umweltbelastungen, die Berechnung von Stoffflüssen sowie für ökologisch ausgerichtete Regulationsinstrumentarien. Trotz vieler Einzelkenntnisse sind aber derzeit Wirkungsgefüge und Regulationsmechanismen im Pflanze-Boden-Kontaktraum nur ungenügend bekannt, da in den meisten bisherigen Forschungsansätzen der Mikrobereich als „Nebeneinander" von Einzelelementen (z. B. von Strukturelementen, Nettostoffflüssen zwischen Grenzflächen, Biozönosepartnern) betrachtet wurde und kaum als Netzwerk funktionaler Kompartimente wechselnder Zusammensetzung. Abhilfe kann hier nur eine systemare Betrachtungsweise der Pflanze-Boden-Wechselbeziehungen auf der Basis einer *langfristig und interdisziplinär angelegten ökophysiologischen Forschung* schaffen, die auf die Aufklärung der mikrobiologischen, physiologischen, (bio)chemischen und genetischen Interaktionen im System Pflanze – Wurzel – Boden in Abhängigkeit von natürlichen und anthropogenen Einflussfaktoren ausgerichtet ist.

Die 1990 von der Deutschen Landakademie Borkheide (Krs. Potsdam-Mittelmark) und dem heutigen Institut für Primärproduktion und Mikrobielle Ökologie des Zentrums für Agrarlandschafts- und Landnutzungsforschung (ZALF) Müncheberg ins Leben gerufenen *Borkheider Seminare zur Ökophysiologie des Wurzelraumes* wollen daher Wissenschaftler unterschiedlicher Fachgebiete mit dem Ziel zusammenführen, experimentelle Ergebnisse ohne Zeitdruck zu diskutieren und die Forschung enger zu verflechten. Das unveränderte Interesse an der Tagungsreihe – sie hat 2000 bereits das 11. Mal stattgefunden – spricht für sich selbst. Nachdem die ersten vier Tagungsbände (1990 bis 1993) im Selbstverlag herausgegeben wurden, hat seit dem 5. Band (Mikroökologische Prozesse im System Pflanze – Boden) der Teubner-Verlag diese Aufgabe übernommen. Dafür gebührt ihm der Dank der Herausgeber.

Wolfgang Merbach

Wolfgang Merbach, Lutz Wittenmayer, Jürgen Augustin (Hrsg.)

Physiologie und Funktion von Pflanzenwurzeln

11. Borkheider Seminar zur Ökophysiologie des Wurzelraumes

Wissenschaftliche Arbeitstagung in
Schmerwitz/Brandenburg
vom 25. bis 27. September 2000

B. G. Teubner Stuttgart · Leipzig · Wiesbaden

Die Deutsche Bibliothek – CIP-Einheitsaufnahme
Ein Titeldatensatz für diese Publikation ist bei
Der Deutschen Bibliothek erhältlich.

Die Beiträge dieses Bandes wurden von Mitgliedern der Deutschen Gesellschaft für Pflanzenernährung sowie der Kommission IV der Deutschen Bodenkundlichen Gesellschaft begutachtet.

Prof. Dr. habil. Wolfgang Merbach

Geboren 1939 in Ranis (Thüringen). 1958 bis 1964 Landwirtschaftsstudium, 1965 bis 1966 Chemiestudium, 1970 Promotion an der Universität Jena. 1982 Habilitation (Facultas docendi, Promotion B) an der Martin-Luther-Universität Halle-Wittenberg (MLU). 1986 bis 1990 Leiter des Isotopenlabors des Forschungszentrums für Bodenfruchtbarkeit Müncheberg. 1989/90 Leiter der Arbeitsgruppe „Ökologischer Umbau" und stimmberechtigtes Mitglied des zentralen „Runden Tisches" der DDR in Berlin. 1990 Professor der Akademie der Landwirtschaftswissenschaften, 1992 bis 1998 Institutsleiter und (bis 1995) stellvertretender Direktor am Zentrum für Agrarlandschafts- und Landnutzungsforschung (ZALF) Müncheberg. Seit 1998 Professor für Physiologie und Ernährung der Pflanzen und seit 2000 Dekan an der Landwirtschaftlichen Fakultät der MLU. Vorlesungen auf den Gebieten der Pflanzenernährung, Düngung, Ökotoxikologie und Bodenkunde an den Universitäten Halle, Jena, Potsdam und Cottbus. Arbeitsschwerpunkte: Symbiontische N_2-Fixierung, Ökophysiologie und Stoffumsatz in der Rhizosphäre, Lachgasemission aus Niedermooren, N-Umsatz in Ökosystemen. Über 250 Publikationen, Herausgeber zahlreicher Bücher und Tagungsbände. Mitglied in mehreren Editorial Boards und Fachgesellschaften, 1. Vorsitzender der Deutschen Gesellschaft für Pflanzenernährung, Mitglied im Council des International Ecological Centre der Polnischen Akademie der Wissenschaften.

Dr. Lutz Wittenmayer

Geboren 1961 in Sondershausen. 1980 bis 1985 Studium der Landwirtschaft und Pflanzenzüchtung, Timirjasew-Akademie in Moskau, 1991 Promotion an der Landwirtschaftlichen Fakultät der Martin-Luther-Universität Halle-Wittenberg (MLU), seit 1996 wissenschaftlicher Mitarbeiter am Institut für Bodenkunde und Pflanzenernährung der MLU. Arbeitsschwerpunkte: Pflanzenstress, Phytohormone und Wurzelexsudation.

Dr. Jürgen Augustin

Geboren 1954 in Ostritz (Sachsen). 1975 bis 1979 Studium der Pflanzenproduktion und Biochemie an der Martin-Luther-Universität Halle-Wittenberg (MLU), 1985 Promotion an der Sektion Pflanzenproduktion der MLU, seit 1985 wissenschaftlicher Mitarbeiter am Forschungszentrum für Bodenfruchtbarkeit, 1992 bis 1998 am Zentrum für Agrarlandschafts- und Landnutzungsforschung (ZALF) Müncheberg. 1998 bis 1999 kommissarischer Leiter des Instituts für Rhizosphärenforschung und Pflanzenernährung, danach Abteilungsleiter im Institut für Primärproduktion und Mikrobielle Ökologie des ZALF, Lehraufträge für Ökotoxikologie an der FH Eberswalde und der BTU Cottbus. Arbeitsschwerpunkte: Stoffumsatz und Spurengasemission in Feuchtgebieten.

1. Auflage Juli 2001

Alle Rechte vorbehalten
© B. G. Teubner GmbH, Stuttgart/Leipzig/Wiesbaden, 2001

Der Verlag Teubner ist ein Unternehmen der Fachverlagsgruppe BertelsmannSpringer.

www.teubner.de

Umschlaggestaltung: Ulrike Weigel, www.CorporateDesignGroup.de

Gedruckt auf säurefreiem und chlorfrei gebleichtem Papier.

ISBN-13: 978-3-519-00337-3   e-ISBN-13: 978-3-322-87180-0
DOI: 10.1007/978-3-322-87180-0

Vorwort

Der vorliegende Band soll zum besseren Verständnis des Wirkungsgefüges und der Regelungsmechanismen im Wurzel-Boden-Kontaktraum beitragen mit dem Ziel, dieses Wissen für eine nachhaltige, umweltschonende Landnutzung nutzbar zu machen. Er enthält 19 (gekürzte) Beiträge des 11. Borkheider Seminars zur Ökophysiologie des Wurzelraumes, das von 25. bis 27. September 2000 in Schmerwitz (Kreis Potsdam-Mittelmark, Brandenburg) stattfand. Dabei werden vorrangig folgende Themenkreise behandelt:

1. Morphologie, Physiologie und Biochemie der Wurzel unter besonderer Berücksichtigung unterschiedlicher Einflußfaktoren, wie Temperatur, Wasserversorgung, Pflanzenart und Bodeneigenschaften sowie methodischer Arbeiten (vier Beiträge),

2. Pflanzen-Mikroben-Interaktionen, wobei die Nährstoffversorgung, Arten- und Sorteneinfluß, Wasserstreß und Nährstoffverfügbarkeit diskutiert werden (fünf Beiträge),

3. Rhizosphärenprozesse und ihre Beeinflußbarkeit durch N-Angebot, Kohlendioxid-Konzentration und Redoxverhältnisse (drei Beiträge),

4. Mechanismen der Abscheidung wurzelbürtiger Verbindungen am Beispiel der Proteoidwurzeln der Weißlupine (zwei Beiträge),

5. Stoffumsatz im durchwurzelten Bodenraum unter besonderer Beachtung der pflanzlichen Nährstoff-, Schwermetall- und Wasseraufnahme, der N-Abgabe durch Pflanzenwurzeln und der Zersetzung abgestorbener Pflanzensubstanz (fünf Beiträge).

Neben international ausgewiesenen Fachvertretern nahmen auch 2000 viele jüngere Wissenschaftler/innen an dem Workshop teil und trugen experimentelle Ergebnisse aus der Sicht unterschiedlicher Disziplinen vor. So wurden u. a. bodenkundliche, mikrobiologische, pflanzenbauliche, ökologische, physiologische, biochemische und molekulargenetische Arbeiten vorgestellt. Dies ermöglichte die interdisziplinäre Diskussion im Sinne eines besseren Verständnisses des mikroökosystemaren Wirkungsgefüges im Pflanze-Wurzel-Boden-Kontaktraum und der Übertragung der dabei gewonnenen Erkenntnisse auf größere Standorteinheiten.

Eine derartige Betrachtungsweise läßt Impulse für die Entwicklung standort- und umweltgerechter Landnutzungssysteme, die ökophysiologische Indikation der Bewirtschaftungsfolgen, die Quantifizierung von Stoffbilanzgrößen sowie die Voraussage der Streßbelastung pflanzlicher Systeme erwarten. Sie kann somit dazu beitragen, die im Ökosystem ablaufenden Vorgänge besser zu verstehen und für das ausgangs erwähnte Ziel, die nachhaltige Gestaltung von Kulturlandschaften nutzbar zu machen.

Wissenschaftlicher und organisatorischer Träger des Seminars war die Professur „Physiologie und Ernährung der Pflanzen" der Landwirtschaftlichen Fakultät der Martin-Luther-Universität Halle–Wittenberg. Weiterhin waren das Institut für Primärproduktion und Mikrobielle Ökologie im Zentrum für Agrarlandschafts- und Landnutzungsforschung (ZALF) Müncheberg (Kreis Märkisch-Oderland, Brandenburg), die Deutsche Gesellschaft für Pflanzenernährung und die Kommission IV (Bodenfruchtbarkeit und Pflanzenernährung) der Deutschen Bodenkundlichen Gesellschaft (DBG) an der Ausrichtung des Seminars beteiligt. Gastgeber war wiederum das Seminar- und Tagungszentrum Schmerwitz, das die Tagungsräume, die Vorführtechnik, die Unterbringung und Verpflegung sicherstellte. Wir sind der Eigentümerin des Zentrums, Frau MORGENSTERN, und dem Geschäftsführer, Herrn ROST, zu Dank verpflichtet. Ferner danken wir Herrn Dr. W. GANS, Institut für Bodenkunde und Pflanzenernährung der Universität Halle–Wittenberg, für die organisatorische Vorbereitung und Herrn Jürgen WEISS vom Teubner-Verlag für die gute Zusammenarbeit.

<table>
<tr><td>Halle und Müncheberg,
im Februar 2001</td><td>Wolfgang Merbach
Lutz Wittenmayer
Jürgen Augustin</td></tr>
</table>

Inhaltsverzeichnis

1 Morphologie, Physiologie und Biochemie der Wurzel

2 Pflanzen–Mikroben-Interaktionen

3 Rhizosphärenprozesse und ihre Beeinflußbarkeit

4 Mechanismen der Wurzelabscheidung

5 Stoffumsatz im durchwurzelten Bodenraum

1

Morphologie, Physiologie und Biochemie der Wurzel

Physiologie und Funktion von Pflanzenwurzeln. 11. Borkheider Seminar zur Ökophysiologie des Wurzelraumes
Hrsg.: W. Merbach, L. Wittenmayer, J. Augustin
B. G. Teubner — Stuttgart · Leipzig · Wiesbaden (2001), S. 13-17.

Wechselwirkungen zwischen Wurzelverteilung und ertragskundlicher Leistung von *Robinia pseudoacacia* L. und *Medicago sativa* L. beim Alley-Cropping

Holger GRÜNEWALD, Bernd Uwe SCHNEIDER und Reinhard F. HÜTTL
Lehrstuhl für Bodenschutz und Rekultivierung der Brandenburgischen Technischen Universität Cottbus, Universitätsplatz 3-4, D-03044 Cottbus

Abstract

The effects of intercropping on root distribution and the above ground biomass yield of an alley cropping system with *Robinia pseudoacacia* L. and *Medicago sativa* L. on a reclamation site of the Lusatian lignite mining district were investigated. Special emphasis was put on studying the impact of deep ploughing on root distribution patterns of trees and field crops.

Medicago yields were suppressed due to competition between root systems of crops and trees. Deep ploughing caused a significant increase of yields through the improvement of soil physical conditions, but remained ineffective in reducing root competition.

Einleitung

Im Hinblick auf die Nutzung von Grenzertragsstandorten für die Produktion von Biomasse zur energetischen und stofflichen Verwertung wird aktuell der Einsatz neuartiger Landnutzungssysteme u. a. auch bei der Rekultivierung von Braunkohletagebauen intensiv diskutiert (BUNGART 1999). Bei einem großen Teil dieser Flächen handelt es sich vorwiegend um sandige, humusarme Substrate mit geringer Nährstoffverfügbarkeit, deren bodenökologische Funktionen nur gering entwickelt sind. Als ökonomisch und ökologisch sinnvolle Bewirtschaftungsweisen empfehlen sich vor diesem Hintergrund agroforstliche Anbauverfahren, wie z. B. das Alley-Cropping. Eine der meist genannten Vorteilswirkungen der Integration von Bäumen in landwirtschaftliche Nutzflächen besteht in der synergistischen Interaktion der Wurzelsysteme beider Partner. Kommt es allerdings zu Konkurrenz um Wasser oder Nährstoffe im Wurzelraum, so kann dies auch Ertragsdepressionen hervorrufen (SCHROTH 1999). Hierbei gilt es durch Maßnahmen des Wurzelmanagements die Wurzeln so zu beeinflussen, daß es zu einer komplementären Nutzung der Ressourcen kommt (SCHROTH 1999). Für den tropischen und subtropischen Bereich liegen hierzu umfangreiche Erfahrungen vor (HÜTTL 1997). Ziel der vorgestellten Untersuchungen ist es, die Übertragbarkeit des agroforstlichen Konzepts auf mitteleuropäische Klima- und Bodenverhältnisse zu prüfen.

Material und Methoden

Ein Feldversuch zur Etablierung eines Alley-Cropping-Systems wurde im April 1996 im Tagebau Jänschwalde, etwa 30 km nordöstlich von Cottbus, angelegt. Im Frühjahr 1999 wurden die Feldflächen mit Luzerne (*Medicago sativa* L.) bestellt. Im Bereich der Baumstreifen konzentrierten sich die Forschungsarbeiten auf die Robinie (*Robinia pseudoacacia* L.) als die an vorherrschende klimatische und edaphische Bedingungen optimal angepaßte Baumart. Als Maßnahme des Wurzelmanagements wurde ein Teil der Feldflächen zusätzlich zur Bearbeitung mit dem Pflug bis 80 cm tiefengelockert, während auf dem anderen Teil ausschließlich eine übliche Bearbeitung durch Pflügen bis 30 cm erfolgte. Der Einfluß dieser Bodenbearbeitungsmaßnahme wurde über die Messung des Eindringwiderstandes mit dem Penetrometer *Sensopren 17* der Fa. *Medium Sensor*, Berlin, charakterisiert. Die Messungen fanden im Mai 1999 bei Feldkapazität des Substrates entlang der Baumstreifen und in der Mitte der Feldflächen statt.

Vor jedem Schnitt der Luzerne erfolgte eine Ertragsbestimmung. Dafür wurde neben jeder der 108 Robinienparzellen die oberirdische Biomasse eines laufenden Meters Saatreihe beerntet. Sowohl in der vom Baumstreifen weitgehend unbeeinflußten Feldmitte als auch im Übergangsbereich zwischen Baumstreifen und Feldrand wurden Proben entnommen. Beginnend im Juli 1999 wurden, mit Ausnahme der Frostperiode, etwa monatlich mit dem Wurzelbohrer (Fa. *Eijkelkamp*) Proben zur Untersuchung der Durchwurzelung entnommen. Die Proben wurden aus den Tiefenstufen 0...15, 15...30 und 30...45 cm gewonnen. Auch hier erfolgte die Probenahme aus der Feldmitte und am Feldrand. Die Entnahme und Aufbereitung der Proben erfolgte in Anlehnung an SCHROTH und KOLBE (1994).

Die Bearbeitung der Rohdaten und die statistische Auswertung erfolgte mit den Programmen *Excel 97* und *SPSS Base 6.1*. In der SPSS-Routine wurde der Test auf Normalverteilung nach Kolmogorov-Smirnov und die Prüfung auf Varianzhomogenität mittels Levene-Statistik der Varianzanalyse vorgeschaltet. Bei der Varianzanalyse wurde der Student-Newmann-Keuls-Test mit einer Irrtumswahrscheinlichkeit von $P < 0{,}05$ angewendet. Bei varianzinhomogenen Datensätzen erfolgte der Vergleich mehrerer unabhängiger Stichproben mit dem nichtparametrischen H-Test von Kruskal und Wallis und der Vergleich von zwei unabhängigen Stichproben mit dem U-Test nach Wilcoxon, Mann und Whitney (SACHS 1992).

Ergebnisse und Diskussion

Aus dem Baumstreifen in das Feld hineinwachsende Wurzeln der Robinie werden im Zuge der Tiefenlockerung abgeschnitten, beschädigt oder zumindest in ihrer Lage verändert. Das hat zur Folge, daß die Ausbreitung der Baumwurzeln in das Feld behindert wird. Einer möglichen Konkurrenz zwischen den Baumwurzeln und den Wurzeln der landwirtschaftlichen Kulturen wird so entgegengewirkt. Allerdings ist bekannt, daß sich die Robinie aus den abgetrennten Wurzelenden in vegetativer Form ausbreitet (KERESZTESI 1988). Deshalb wäre auch eine Anregung des Wachstums der Robinienwurzeln als Folge der Tiefenlockerung durchaus denkbar. Einen weiteren Effekt der Tiefenlockerung auf das Wurzelwachstum der Robinie im Feldstreifen könnte ein verbessertes Tiefenwachstum unterhalb des Hauptwurzelhorizontes der Feldfrucht sein.

Einen Überblick über die Verteilung der Eindringwiderstände mit der Tiefe in Abhängigkeit von der Bodenbearbeitung gibt Abb. 1. Deutlich zu erkennen ist, daß der Eindringwiderstand für Wurzeln mit zunehmender Intensität der Bodenbearbeitung abnimmt. Die Werte, die für eine vollständige Reduzierung des Wurzelwachstums in der Literatur angegeben sind, liegen etwa zwischen 2 und 5 MPa (GREACEN et al. 1969, WHITELEY et al. 1981, GLINSKI und LIPIEC 1990, MATERECHERA et al. 1991). Unter Berücksichtigung dieser Grenzwerte ergeben sich im Hinblick auf die

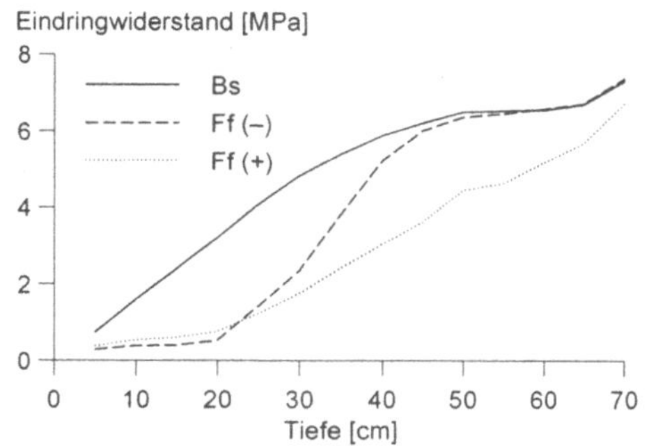

Abb. 1. Tiefenverteilung des Eindringwiderstands in Abhängigkeit von der Bodenbearbeitung. *Bs*: Baumstreifen, *Ff*: Feldflächen (–) nicht tiefengelockert, (+) tiefengelockert.

physiologische Gründigkeit bzw. Durchwurzelbarkeit nach AG BODENKUNDE (1982) für die einzelnen Varianten folgende Abstufungen: Baumstreifen: sehr flach – flach; Feld (nicht tiefengelockert): flach, Feld (tiefengelockert): flach – mittel.

Die Auswirkungen der Tiefenlockerung und des Einflusses des Baumstreifens auf den durchschnittlichen Trockenmasseertrag der Luzerne bei den bisher durchgeführten Schnitten sind in Abb. 2 dargestellt. Offenbar tritt eine Ertragsdepression am Feldrand auf. Damit ist ein deutliches Indiz für eine Konkurrenz um Ressourcen zwischen Robinie und Luzerne in diesem Bereich gegeben. Nach der Tiefenlockerung ist infolge der verbesserten bodenphysikalischen Bedingungen eine Ertragssteigerung zu verzeichnen. Jedoch bleibt die Ertragsdepression am Feldrand erhal-

16

ten. Anzeichen dafür, daß konkurrenzbedingte Ertragsdepressionen mit Hilfe der Tiefenlockerung verringert werden können, gab es allerdings keine. Ob die Tiefenlockerung einen Einfluß auf die Wurzelverteilung hat, darüber könnten nun die Ergebnisse der Wurzeluntersuchungen Aufschluß geben.

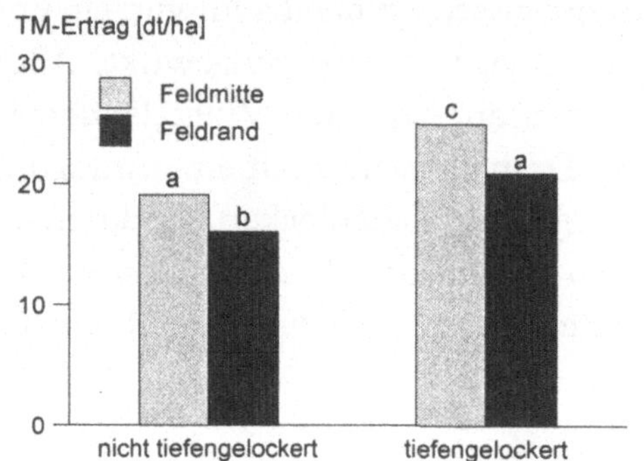

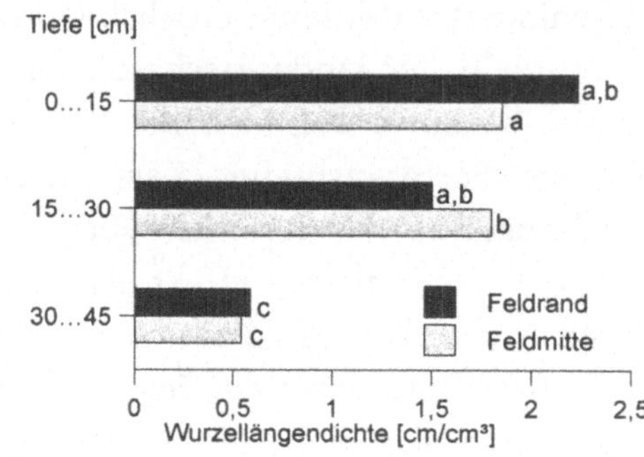

Abb. 2. Durchschnittlicher Trockenmasseertrag der Luzerne für die untersuchten Varianten (bei gleichen Buchstaben liegen keine signifikanten Unterschiede vor).

Abb. 3. Durchschnittliche Längendichten der vitalen Feinwurzeln im Zeitraum Juli 1999 bis April 2000 für verschiedene Tiefenstufen und unterschiedlichen Abstände zum Baumstreifen (Buchstaben vgl. Abb. 2).

Es gab keinen signifikanten Einfluß der Tiefenlockerung auf die Wurzelverteilung. Deshalb wurden in Abb. 3 die durchschnittlichen Wurzellängendichten (WLD) für beide Bodenbearbeitungsvarianten zusammengefaßt dargestellt. Beim Vergleich der Varianten Feldmitte und Feldrand konnten entgegen den Erwartungen für die Durchwurzelung am Feldrand im Vergleich zu jener in der Feldmitte keine Unterschiede festgestellt werden, obwohl am Feldrand der Boden von Wurzeln beider Kulturen durchwurzelt wurde.

Hierbei läßt sich jedoch keine Aussage über die Höhe des Anteils von Robinienwurzeln am Feldrand machen, da ebenso denkbar ist, daß diese unterhalb der Feldkulturen wurzeln oder auf den Baumstreifen beschränkt bleiben. Aufgrund der Ertragsdepression am Feldrand, die einen deutlichen Hinweis auf Konkurrenz um Wachstumsfaktoren zwischen Robinien- und Luzernewurzeln darstellt, ist allerdings von einer intensiven Durchdringung beider Wurzelsysteme auszugehen. Es wird daher angenommen, daß die Robinienwurzeln bei ihrem Eindringen in das Feld Luzernewurzeln verdrängen. Daraus resultiert, daß es zu keiner Erhöhung der Wurzellängendichte für beide Systeme kommt. Die Luzerne scheint allerdings nicht in der Lage zu sein, diesen Verlust an Wurzeloberfläche durch Wachstum in anderen Tiefenstufen zu kompensieren. Die Gründe dafür könnten pflanzenartspezifisch sein. Andererseits könnten aber auch ungünstige Bedingungen im tieferen Boden hinsichtlich des Eindringwiderstandes sowie des Wasser- und Nährstoffangebots die Ausbreitung der Wurzeln einschränken.

Zusammenfassend legt die Auswertung der Daten von oberirdischer Biomasse und Wurzelverteilung die Schlußfolgerung nahe, daß es auf der Versuchsfläche beim Alley-Cropping zu Konkurrenz zwischen Wurzelsystemen von Robinie und Luzerne kam. Eine durchgeführte Tiefenlockerung konnte offensichtlich die bodenphysikalischen Bedingungen verbessern und damit zu einer Ertragssteigerung führen. Jedoch erwies sich diese Maßnahme als ungeeignet für die Förderung einer komplementären Wurzelverteilung und einer daraus resultierenden Reduzierung der bestehenden Wurzelkonkurrenz.

Literaturverzeichnis

AG Bodenkunde, 1982: *Bodenkundliche Kartieranleitung*. Stuttgart: E. Schweizerbartsche Verlagsbuchhandlung.

Bungart, R., 1999: Erzeugung von Biomasse zur energetischen Nutzung durch den Anbau schnellwachsender Baumarten auf Kippsubstraten des Lausitzer Braunkohlereviers unter besonderer Berücksichtigung der Nährelementversorgung und des Wasserhaushaltes. *Cottbuser Schriften zu Bodenschutz und Rekultivierung*, Band 7.

Glinski, J.; Lipiec, J., 1990: *Soil Physical Conditions and Plant Roots*. Boca Raton, Florida: CRC Press Inc.

Greacen, E. L.; Barley, K. P.; Farrell, D. A., 1969: The mechanics of root growth in soils with particular reference to the implications for root distribution. In: *Root Growth*. W. J. Whittington (Hrsg.) London: Butterworth, 256–268.

Hüttl, R. F. (Hrsg.), 1997: *Agroforestry and Land Use Change in Industrialized Nations. Forest Ecology and Management (special issue)*, **91**, 1–135.

Keresztesi, B., 1988: *The Black Locust*. Budapest: Akadémiai Kiadó.

Materechera, S. A.; Dexter, A. R.; Alston, A. M., 1991: Penetration of very strong soils by seedling roots of different plant species. *Plant and Soil* **135**, 31–41.

Sachs, L., 1992: *Angewandte Statistik*. Berlin, Heidelberg: Springer-Verlag.

Schroth, G., 1999: A review of belowground interactions in agroforestry, focussing on mechanisms and management options. *Agroforestry Systems* **43**, 5–34.

Schroth, G.; Kolbe, D., 1994: A method of processing soil core samples for root studies by subsampling. *Biology and Fertility of Soils* **18**, 60–62.

Whiteley, G. M.; Utomo, W. H.; Dexter, A. R., 1981: A comparison of penetrometer pressures and the pressures exerted by roots. *Plant and Soil* **61**, 351–364.

Physiologie und Funktion von Pflanzenwurzeln. 11. Borkheider Seminar zur Ökophysiologie des Wurzelraumes
Hrsg.: W. Merbach, L. Wittenmayer, J. Augustin
B. G. Teubner — Stuttgart · Leipzig · Wiesbaden (2001), S. 18–23

3D-Wurzelverteilung sechzehnjähriger Schwarzkiefern in einem Kippenboden im Vergleich mit markierten Fließwegen

Edzard HANGEN*, Horst H. GERKE[‡], Wolfgang SCHAAF* und Reinhard F. HÜTTL*

*Brandenburgische Technische Universität Cottbus, Lehrstuhl für Bodenschutz und Rekultivierung, Postfach 101344, D-03013 Cottbus; [‡]Zentrum für Agrarlandschafts- und Landnutzungsforschung (ZALF) e. V., Müncheberg, Institut für Bodenlandschaftsforschung, Eberswalder Straße 84, D-15374 Müncheberg

Abstract

Preferential flow may possibly affect the water and solute budgets of afforested mine soils ecosystems. Root channels of trees can form preferential flow paths. The 3D-spatial distribution of root biomass of a *Pinus nigra* stand was investigated and compared with the distribution of preferential flow paths, visualized by staining patterns of a dye tracer. The experiment was carried out on a lignitic reclaimed spoil in the Lusatian mining district afforested with a 16-years old stand of *Pinus nigra*. An area of 250 × 125 cm was sampled at a 25 × 25 cm grid in 10 cm depth increments down to 150 cm soil depth using a 636 cm^3 steel cylinder. All the roots, irrespective of vitality, were separated from the soil and subdivided into five diameter classes. The 1D-vertical distribution of the dry total root biomass of the soil block showed a maximum of about 1200 g/m^3 in the upper 40 cm, which corresponds to the depth of the flue-ash amelioration horizon. Only at isolated spots, roots could be found down to 80 cm soil depth. Highest root biomass was generally in the diameter class > 1 mm. The small-scale heterogeneity of root biomass did not directly correspond with the tree stem locations. For this experiment, a correlation between the distribution of root biomass and the location of flow paths could not be found by visual inspection. The location and formation of preferential flow paths may additionally be affected by other parameters, such as soil water repellency or coal fragments.

Einleitung

Forstlich rekultivierte Kippenstandorte des Lausitzer Braunkohlereviers tragen aufgrund sehr geringer Versickerungsraten nur in geringem Maße zur Grundwasserneubildung bei (SCHAAF *et al.* 1998). Farbtracer-Infiltrationsexperimente zeigten, daß sich Wasser in Kippenböden entlang präferenzieller Fließwege verlagern kann (HANGEN *et al.* 1999, GERKE *et al.* 2000a), die damit für die Beschreibung des Wasser- und Stoffhaushalts von besonderer Bedeutung sind. Bei der präferenziellen Wasserverlagerung können neben Rissen und Wurmgängen auch die von abgestorbenen Wurzeln gebildeten Porenkanäle eine Rolle spielen (z. B. MITCHELL *et al.* 1991). Eine gegenseitige Beeinflussung des präferenziellen Wasserflusses und der Wurzelverteilung ist denkbar, insofern, als daß sich zum einen Wasser entlang von Wurzelkanälen in die Tiefe verlagert, und zum anderen Wurzeln bevorzugt in die dadurch feuchteren Bodenregionen hineinwachsen. Letzteres wurde z. B. von KÖSTLER *et al.* (1968) für sandige Waldstandorte beobachtet.

Ziel dieser Arbeit war daher die Untersuchung der 3D-Wurzelverteilung und des räumlichen Zusammenhangs zwischen der Wurzelverteilung und der Anordnung der Fließwege für Wasser in einem Kippenboden.

Material und Methoden

Die Untersuchung wurde auf der 1977 nordöstlich von Cottbus geschütteten Außenhalde „Bärenbrücker Höhe" durchgeführt. Das Kippsubstrat enthält bis zehn Volumenprozent Kohle und ist infolge von Pyritoxidation im Unterboden versauert. Der Standort wurde 1978 mit Kraftwerksasche (190 t CaO/ha) melioriert und bis 40 cm tief gepflügt. Eine forstliche Rekultivierung mit *Pinus nigra* (7375 Stämme je Hektar) erfolgte 1982. Am Untersuchungsstandort wurde im Juni 1998 auf einer Versuchsfläche (Länge: 2,5 m, Breite: 1,25 m) ein Farbtracer-Infiltrationsexperiment zur Visualisierung von Fließwegen durchgeführt. Der Bodenblock wurde in 10 cm dicken Schichten bis in 150 cm Bodentiefe abgetragen und die angefärbten Bodenzonen dokumentiert. Für die Untersuchung der Wurzelverteilung wurde dieselbe Fläche in ein Raster von Quadraten mit 25 cm Kantenlänge unterteilt. Aus der Mitte jedes zweiten Quadrats wurde mit einem Stechzylinder (Höhe: 10 cm, Durchmesser: 9 cm) eine Bodenprobe entnommen, in luftdichte Plastikbehälter gefüllt und bis zur Analyse bei 4 °C gelagert. Zur Bestimmung der Wurzelbiomasse wurden Boden und Wurzeln durch Spülen mit Leitungswasser über einem 2-mm-Siebboden getrennt. Die Wurzeln wurden auf Fließpapier getrocknet und mittels einer Schablone in die Durchmesserklassen < 0,5, 0,5...1, 1...2, 2...5 und > 5 mm getrennt, wobei nicht zwischen lebenden und toten Wurzeln unterschieden wurde. Hierdurch sollten die räumlichen Verteilungen sowohl der adsorbierenden Feinwurzeln (< 2 mm) als auch der für die Verankerung des Baumes wichtigen Derbwurzeln (> 2 mm) (Größeneinteilung nach TÖLLE und TÖLLE, 1996) erfaßt und Vergleiche mit den Ergebnissen anderer Untersuchungen ermöglicht werden. Die Wurzeln wurden bei 60 °C drei Tage lang getrocknet und die Trockenbiomasse durch Wägung bestimmt.

Ergebnisse und Diskussion

Verteilung der Wurzelbiomasse

Die Wurzelbiomasse weist ihre höchsten mittleren Gehalte in 0...10 cm und 30...40 cm Tiefe auf (Abb. 1). Unterhalb von 50 cm Tiefe ist die Durchwurzelung gering. In Bodenbereichen, die tiefer als 80 cm liegen, wurden keine Wurzeln mehr gefunden. Höhere Gehalte an Wurzeln korrespondieren mit der Einarbeitungstiefe des Meliorationsmittels, das u. a. eine Verringerung der Konzentration phytotoxischen Aluminiums in der Bodenlösung des Oberbodens bewirkt. Beispielsweise wurden in der Bodenlösung einer benachbarten Parzelle mittlere Al-Konzentrationen von 37 bis 220 mg/l im Meliorationshorizont (0...40 cm) festgestellt, im Unterboden (70...100 cm) dagegen von 1351 bis 2843 mg Al/l (GAST *et al.* 2000).

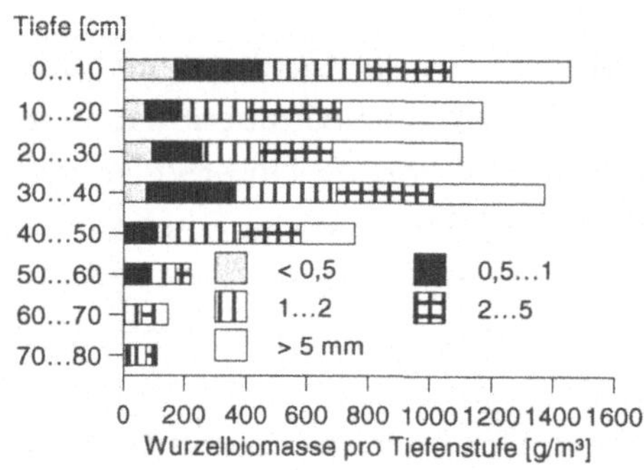

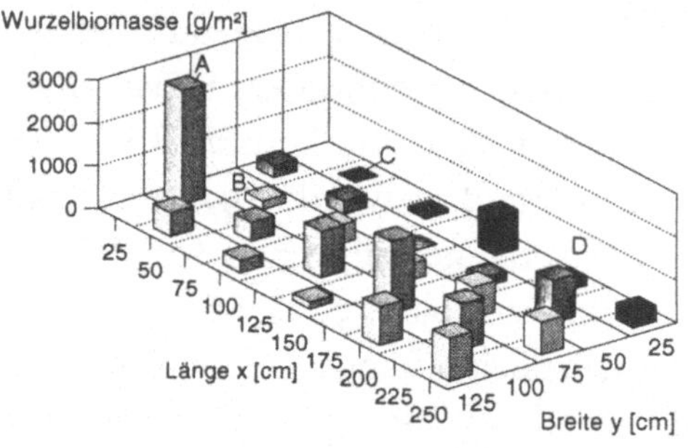

Abb. 1. Mittlere Wurzelbiomasse pro Tiefenstufe [g/m³], unterteilt nach Wurzeldurchmesserklassen.

Abb. 2. 2D-horizontale Verteilung der tiefenkumulierten Wurzelbiomasse [g/m²] der beprobten Rasterflächen.

Diese bevorzugte Durchwurzelung des Meliorationshorizonts wurde von SCHNEIDER (1996) auch für andere Kippenstandorte beobachtet. Die Wurzelbiomasse wird durch die Derbwurzeln > 2 mm und die groben Feinwurzeln (1...2 mm) dominiert. Feinstwurzeln (< 0,5 mm) fehlen unterhalb von 40 cm, mittlere Feinwurzeln (0,5...1,0 mm) unterhalb von 60 cm. Die mittleren Gehalte von 600 bis 800 g/m³ in den vier oberen Schichten (0...40 cm Tiefe) und mittleren Verteilungen der in Abb. 1 dargestellten Feinwurzeln sind mit denen anderer meliorierter Kippenstandorte des Lausitzer Reviers, die ähnliche Bestandesalter und -dichten aufweisen (SCHNEIDER 1996), vergleichbar. In Abb. 2 ist die über die gesamte Beprobungstiefe kumulierte Wurzelbiomasse des untersuchten Kippbodenblocks dargestellt. Die kumulierte Wurzelbiomasse weist vor allem im linken Flächenausschnitt große Unterschiede auf. In 25 cm Entfernung vom Raster mit dem höchsten Wert der kumulierten Wurzelbiomasse (2700 g/m², Punkt A) finden sich lediglich 200 g/m² (Punkt B), in 75 cm Entfernung (Punkt C) traten keine Wurzeln auf. Im vorderen rechten Flächenausschnitt (Bereich D) hingegen wurden relativ einheitliche Wurzelbiomassegehalte von ca. 1000 g/m² vorgefunden.

Die 1D-Tiefenverteilungen, die den kumulierten Wurzelbiomassen (Abb. 2) zugrunde liegen, sind in Abb. 3 entsprechend ihrer Lage im Beprobungsraster dargestellt. Es ist zu erkennen, daß die Verteilung der Wurzelbiomasse für jede Rasterfläche nicht nur horizontal, sondern auch in ihrer Tiefenausdehnung unterschiedlich vorliegt. Wurzelfreie Rasterflächen (Raster E) stehen solchen gegenüber, die bis in 80 cm Tiefe eine hohe Wurzelbiomasse zeigen (Raster F). Weiterhin treten wurzelfreie Oberbodenbereiche (bis 20 cm Tiefe) an verschiedenen Rasterflächen auf (Raster G_1 bis G_7). Auf gewachsenen Sandböden Nordostdeutschlands wurde ebenfalls eine lückenhafte Durchwurzelung des Oberbodens an zweidimensionalen Wurzelverteilungen mittelalter Kiefern (KRAKAU 1996, TÖLLE und TÖLLE 1996) beobachtet, die jedoch nicht ganz so ausgeprägt war. Im untersuchten Kippenausschnitt treten zwischen 75 und 100 cm Breite relativ hohe Wurzelbiomassen und Wurzeltiefen auf (Abb. 3). Mit der hier angewandten Methode war ein direkter Zusammenhang zwischen den Gehalten der Wurzelbiomasse und den Positionen der Kiefernstämme nicht zu erkennen (Abb. 3).

Gegenüberstellung von Wurzelbiomasse und präferenziellen Fließpfaden

Die Untersuchung eines Zusammenhangs zwischen der Wurzelverteilung und der Anordnung der am gleichen Bodenausschnitt angefärbten Fließwege erfolgt hier über einen visuellen Vergleich der Tiefenverteilungen der Wurzelbiomassen mit denen der Farbflächenanteile (Abb. 3).

In nahezu allen Tiefenverteilungen liegt das Maximum des Farbflächenanteils in 10 cm Bodentiefe. In dieser geringen Bodentiefe kann jedoch ein Zusammenhang zwischen den Farbflächenanteilen und der Wurzelverteilung ausgeschlossen werden, da eine flächendeckende hydraulische Verbindung zur Oberfläche über Wurzelröhren unwahrscheinlich ist. In Bodentiefen > 40 cm dagegen könnten hohe Wurzelbiomassen oberhalb erhöhter gefärbter Flächenanteile eine Beteiligung von Wurzelbahnen an der Wasserbewegung andeuten. So zeigen z. B. Raster G_3 und Raster J angefärbte Bodenregionen direkt unterhalb höherer Wurzelbiomassen, während in Raster G_6 diese Bereiche stärker räumlich voneinander getrennt vorliegen. Bei anderen Tiefenprofilen wird dagegen kein qualitativer Zusammenhang zwischen beiden Parametern deutlich (z. B. Raster *E*, *G*₁ und *H*). Bei der räumlichen Anordnung präferenzieller Fließbahnen scheinen eher andere Faktoren, wie z. B. die temporäre und räumlich variable Benetzungshemmung (GERKE *et al.* 2000b) wirksam zu sein. Da in Abb. 3 eine Übereinstimmung zwischen Farbflächenanteilen und Gehalten an Wurzelbiomasse nur vereinzelt zu erkennen ist, scheint die Wurzelverteilung kaum an die Fließwege gebunden zu sein.

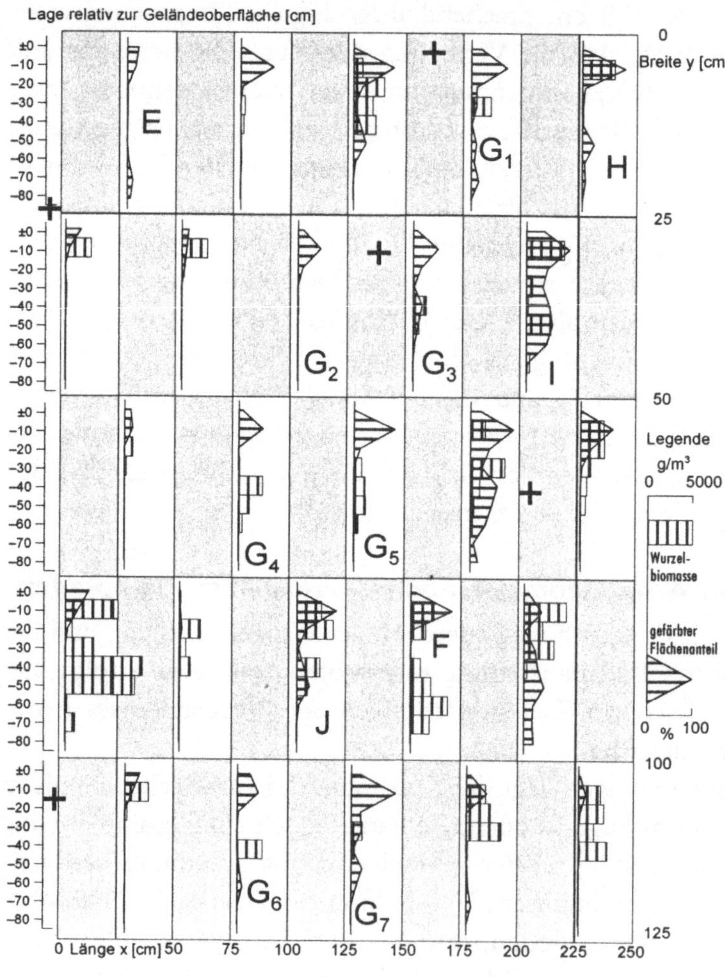

Abb. 3. 1D-vertikale Tiefenverteilungen der Wurzelbiomasse in Gramm je m³ (Balken) und des gefärbten Flächenanteils in % (Fläche). Sie sind den beprobten Rasterflächen der Versuchsfläche räumlich zugeordnet. Nicht beprobte Rasterflächen sind grau unterlegt. Buchstabenbezeichnungen sind im Text erläutert, Baumpositionen als Kreuze gekennzeichnet.

Literaturverzeichnis

GAST, M.; SCHAAF, W.; WILDEN, R.; SCHERZER, J., 2000: Entwicklung von Wasserhaushalt und Stoffkreisläufen in Kieferökosystemen auf tertiären Kippenstandorten des Lausitzer Braunkohlereviers — steuernde Prozesse und beteiligte Pools. In: R. F. Hüttl, E. Weber, D. Klem (Hrsg.): *Ökologisches Entwicklungspotential der Bergbaufolgelandschaften im Lausitzer Braunkohlerevier.* Stuttgart, Leipzig, Wiesbaden: B. G. Teubner, 38-54.

GERKE, H. H.; SCHAAF, W.; HANGEN, E.; HÜTTL, R. F., 2000a: Präferenzielle Wasser- und Luftbewegung in heterogenen aufgeforsteten Kippenböden im Lausitzer Braunkohletagebaugebiet. In: R. F. Hüttl, E. Weber, D. Klem (Hrsg.): *Ökologisches Entwicklungspotential der Bergbaufolgelandschaften im Lausitzer Braunkohlerevier.* Stuttgart, Leipzig, Wiesbaden: B. G. Teubner, 258-274.

GERKE, H. H.; HANGEN, E.; SCHAAF, W.; HÜTTL, R. F., 2000b: Spatial variability of water repellency in a lignitic mine soil afforested with *Pinus nigra. Geoderma* (eingereicht).

HANGEN, E.; GERKE, H. H.; SCHAAF, W.; HÜTTL, R. F., 1999: Präferenzieller Fluß in einem aufgeforsteten kohlehaltigen Kippenboden. Identifizierung von Fließwegen, Hydrophobie und Heterogenität. *Mitteilungen der Deutschen Bodenkundlichen Gesellschaft* **91**, 169-172.

KÖSTLER, J. N.; BRÜCKNER, E.; BIBELRIETHER, H.; 1968: *Die Wurzeln der Waldbäume. Untersuchungen zur Morphologie der Waldbäume in Mitteleuropa.* Hamburg, Berlin: Paul Parey, 284 S.

KRAKAU, U., 1996: Die Verteilung von Kiefernfeinwurzeln im Zwischenstammbereich. *Mitteilung der Bundesforschungsanstalt für Forst- und Holzwirtschaft* **185**, 231-233.

MITCHELL, A. R.; ELLSWORTH, T. R.; MEEK, D. B., 1991: Plant root systems' effects on preferential flow in swelling soil. In: T. J. Gish, A. Shirmohammadi (Hrsg.): *Preferential Flow. Proceedings of the National Symposium, Dezember 16-17, 1991,* Chicago, Illinois. American Society of Agricultural Engineers, St. Joseph, Michigan, 376-382.

SCHAAF, W.; KNOCHE, D.; BIEMELT, D., 1998: Stoff- und Wasserhaushalt von Kippenstandorten im Lausitzer Braunkohlerevier. *GBL-Heft* **5**, 122-125.

SCHNEIDER, B. U., 1996: Dichte der Feinwurzelbiomasse auf Versuchsstandorten des BTUC-Innovationskollegs „Bergbaufolgelandschaften" (unveröffentlicht).

TÖLLE, H.; TÖLLE, R., 1996: Feinwurzeln mittelalter Kiefern — Wurzelatlas. In: H. R.Bork, H. G. Frede, M. Renger, F. Alaily, C. Roth, G. Wessolek (Hrsg.): *Bodenökologie und Bodengenese.* Heft 21, TU Berlin, Selbstverlag, 81 S.

Physiologie und Funktion von Pflanzenwurzeln. 11. Borkheider Seminar zur Ökophysiologie des Wurzelraumes
Hrsg.: W. Merbach, L. Wittenmayer, J. Augustin
B. G. Teubner — Stuttgart · Leipzig · Wiesbaden (2001), S. 24–29

Methode zur zerstörungsfreien Messung der Wurzelentwicklung

Rolf O. Kuchenbuch[*] und Keith T. Ingram[‡]
[*]Zentrum für Agrarlandschafts- und Landnutzungsforschung e. V., Eberswalder Straße 84, D-15374 Müncheberg; [‡]Department of Crop and Soil Sciences, University of Georgia, 1109 Experiment Street, Griffin, GA 30023-1797 U.S.A.

Abstract

Studies aiming at quantification of roots growing in soil are often constrained by the lack of suitable methods for continuous, non-destructive measurements. A system is presented in which maize (*Zea mays* L.) seedlings were grown in acrylic containers — cuvettes — in a soil layer 6 mm thick. These thin-layer soil cuvettes facilitate homogeneous soil preparation and observation of root growth. Cuvettes were placed on a rack slanted to a 45° angle throughout the experiment to promote growth of roots along the transparent acrylic sheet. At two- to three-days intervals, cuvettes were placed on a flatbed scanner to collect digital images from which root length and root diameters are measured using available software. Results show that this system allows researchers to observe and quantify simultaneously the time courses of root development.

Einleitung

Wurzeln höherer Pflanzen sind verantwortlich für die Aufnahme von Wasser und Nährstoffen aus dem Boden. Allerdings ist das Methodenspektrum zur Quantifizierung des Wurzelwachstums beschränkt, insbesondere wenn Bodenbedingungen zeitlichen und räumlichen Veränderungen unterliegen. Unter solchen Bedingungen ist es nötig, in kurzer zeitlicher Folge Daten zu gewinnen, um dynamische Prozesse wie Längenwachstum und Verzweigung der Wurzel zu untersuchen.

Messungen des Wurzelwachstums sind vielfach in Gefäßversuchen durchgeführt worden. Form und Volumen dieser Gefäße unterschieden sich je nach der Versuchsfrage. Dabei muß ein Kompromiß gefunden werden zwischen der Homogenität des Wachstumsmediums, die generell mit der Gefäßgröße abnimmt, und der Versuchdauer bis zum Erreichen von Wurzeldichten, die die Untersuchung von Wurzeln sinnlos erscheinen lassen, welche mir der Gefäßgröße zunimmt. Weil Wurzeln im Boden unsichtbar sind, muß in diesen Untersuchungen destruktiv beprobt werden, Wurzeln vom Boden getrennt und anschließend Wurzellängen, Wurzeldurchmesser oder andere Größen bestimmt werden. Während Software für die automatisierte Messung von Wurzellängen und Wurzeldurchmessern verfügbar ist (z. B. *WinRhizo*, Regent Instruments, Inc., Quebec, Canada; U. S. National Institutes of Health, Internetadresse: http://rsb.info.nih.gov/nih-image/) hängt Quantität und Qualität der Ergebnisse von der Frequenz der Beprobung und der Vorgehensweise bei der Probenaufbereitung ab. Zerstörungsfreie Methoden wie Rhizotrone und Minirhizotrone nutzen transparente Oberflächen zur *in situ* Beobachtung von Wurzeln (SMIT *et al.* 2000) und Messung der sichtbaren Wurzeln (INGRAM und LEERS 2000, PATEÑA und INGRAM 2000). Bei Verwendung dieser Methoden ist die Bestimmung der absoluten Größe von Wurzelchrakteristika normalerweise dadurch eingeschränkt, daß der sichtbare Teil der Wurzel ein unbekannter Anteil des Gesamtwurzelsystems ist. Ziel dieser Untersuchungen war die Entwicklung und Validierung einer Methode zur zerstörungfreien Messung der Wurzelentwicklung mit hoher zeitlicher Auflösung.

Material und Methoden

Ein Experiment mit vier Terminen destruktiver und nicht-destruktiver Ernte wurde durchgeführt, um Wurzelwachstum an der Oberfläche der Küvetten mit dem von ausgewaschenen Wurzeln zu vergleichen. Das Experiment wurde in Klimakammern durchgeführt (*GC72*, *Conviron*, Inc., Manitoba, Canada) mit 420 µmol PAR/(m^2 · s) für 16 h Lichtperiode und konstanter Tag- und Nachttemperatur von 25 °C.

Küvetten: Abb. 1 zeigt eine schematische Darstellung der benutzten Gefäße. Das Material ist transparentes Acryl. Während des Experiments werden die

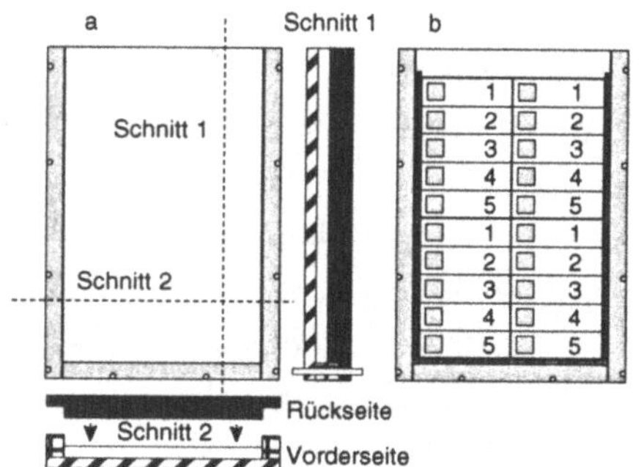

Abb. 1. Schematische Darstellung der Versuchsgefäße (*a*) und Unterteilung der Bodenschichten für Datengewinnung (*b*). Dimensionen (L × B × H) [mm] außen: 650 × 450 × 6, innen: 500 × 350 × 6; Material: Acryl.

Küvetten auf einem Gestell im Winkel von 45° aufgestellt, so daß die Wurzeln zum Teil an der transparenten Oberfläche entlang wachsen.

Boden: Der Boden ist ein lehmiger Sand. Gesiebter Boden wird befeuchtet, gesiebt und auf der Vorderseite der Küvette ausgebreitet. Dann wird die Rückseite der Küvette aufgelegt und die Bodenschicht mit einer hydraulischen Presse komprimiert und verschraubt. Somit werden die Küvetten nicht von oben befüllt, sondern von vorn mit nur einem Verdichtungsvorgang. Die hier verwendete Bodendichte betrug 1,25...1,35 g/cm^3.

Pflanzen: Die Versuchspflanze war Mais (*Zea mays* L. cv. ‚Pioneer 3325‘). Samen ähnlicher Größe wurden ausgewählt und vorgekeimt. Jeweils zwei Samen wurden mit einer Wurzellänge von 1...3 mm in eine Küvette gepflanzt. Zu Versuchsende wurden die Sprosse geerntet und Trockengewichte bestimmt.

Behandlungen und Versuchbedingungen: Mais wurde in 16 Küvetten angezogen, und an vier Terminen wurden destruktiv und zerstörungsfrei Ernten und Messungen durchgeführt. Die Küvetten wurden in Abständen von zwei bis drei Tagen gewogen und der Wasserverlust ausgeglichen.

Gewinnung von Wurzelbildern: Bilder der Vorderseite der Küvetten wurden mit einem Flachbettscanner angefertigt (Modell *MRS-1200A3*, *Microtek International*, Inc., Taiwan, ROC). Die Bildgröße betrug 350 × 250 mm mit einer optischen Auflösung von 300 dpi, 256 Farben. Dies Bilder enthalten nicht den Randbereich von 25 mm an Seiten und Boden der Küvetten.

Messungen an Wurzelbildern: Durchmesser und Längen der Wurzeln wurden mittels *RMS*-Software (© University of Georgia) ermittelt, wie von INGRAM und LEERS (2000) beschrieben. Der Messende fährt mit einer Computermaus die sichtbaren Wurzeln nach und paßt dabei einen runden Kursor an den Wurzeldurchmesser an. Am Ende des Meßvorgangs eines Bildes berechnet und speichert *RMS* die Werte für Länge und Durchmesser jedes Segments und berechnet Wurzelvolumen, Wurzellängendichte und Wurzeloberfläche.

Messung der Wurzellänge im Boden: Nach destruktiver Beerntung wurde die Bodenschicht der Küvetten in Sektoren zerschnitten, die denen der Wurzelbilder entsprechen. Der Boden wurde mit einer Brause von den Wurzeln abgespült. Verluste an Wurzeln traten nicht auf. Die sauberen Wurzeln wurden in Alkohol (25 Vol.-%) aufbewahrt, dem Methylviolett zum Färben der Wurzeln beigefügt war. Frühestens nach drei Tagen wurden die Gesamtwurzellänge und Wurzellängen in bestimmten Durchmesserklassen mittels *WinRhizo* Software (*Regent Instruments*, Inc., Quebec, Canada) bestimmt.

Ergebnisse und Diskussion

Abb. 2 zeigt ein Beispiel für die Wiederholbarkeit von Messungen mittels *RMS*-Software. Verglichen werden Messungen an gleichen Wurzelbildern im Abstand von zwei Wochen. Mit einer Steigung von 0,98 und einem *r*^{2} von 0,98 zeigt die Regression eine sehr gute Reproduzierbarkeit der Messungen durch dieselbe Person mit *RMS* an. Dieses Ergebnis wurde auch von INGRAM und LEERS (2000) für Messungen der gleichen Probe durch mehrere Personen bestätigt.

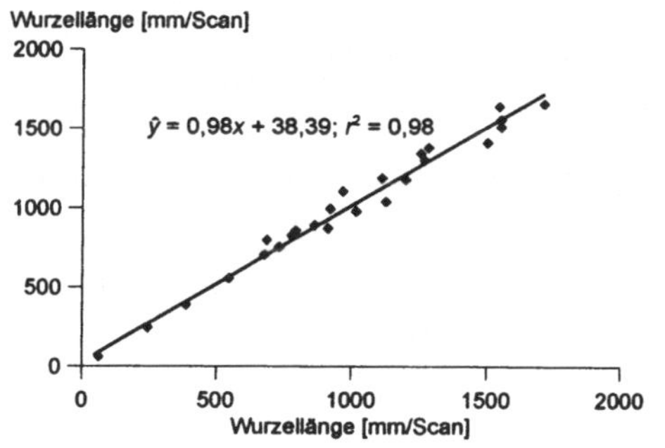

Abb. 2. Wiederholbarkeit der Wurzellängenmessung an Wurzelbildern. 24 Bilder wurden zweimal im Abstand von zwei Wochen mit *RMS*-Software ausgewertet.

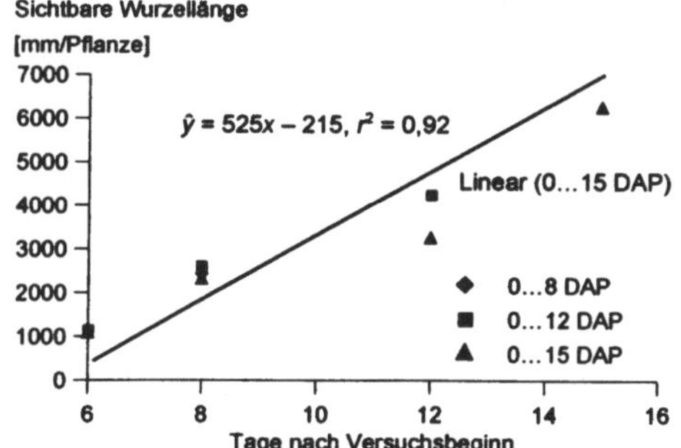

Abb. 4. Würzellängenentwicklung an der transparenten Oberfläche der Küvetten, gemessen mit *RMS*-Software. 16, 16, 16, 12, 6 Küvetten wurden 6, 8, 12, 15 Tage nach Versuchsbeginn für die Serien 0...8, 0...12 und 0...15 DAP gemessen. Die lineare Regression bezieht sich auf die Serie 0...15 DAP.

Abb. 3. Beziehung zwischen Gesamtwurzelänge nach Auswaschen und sichtbaren Wurzeln auf Scanner-Bildern der transparenten Vorderseite der Küvetten. Datenpunkte sind Mittelwerte von zwei Bildern pro Bodenschicht (Abb. 1b).

Abb. 3 vergleicht sichtbare Wurzellängen an der Vorderseite der Küvetten mit Wurzellängen ausgewaschener Proben der gleichen Region. Die sichtbare Wurzellänge betrug 16 % der gesamten Wurzellänge im Boden. Der hohe Korrelationskoeffizient von $r^2 = 0,77$ läßt den Schluß zu, daß aus dem Messungen an der transparenten Oberfläche der Küvetten auf die insgesamt gebildete Wurzellänge geschlossen werden kann.

Abb. 4 stellt Wurzellängen von Wurzelbildern dar, die mittels *RMS* 6, 8, 12 und 15 Tage nach Versuchsbeginn analysiert wurden. Die Anzahl Datenpunkte nimmt mit der Zeit ab, weil Küvetten destruktiv geerntet wurden. Die Abbildung zeigt, daß die Wurzellänge von Tag sechs bis 15 linear zunimmt (Abb. 4). Die Küvetten begrenzen das Wurzelwachstum auf eine Bodenschicht der Dicke von 6...7 mm in einem Bodenprofil einer Breite von 350 mm und Höhe von 500 mm. Daher ist die Ausbreitung der Wurzeln im Gegensatz zu Gefäß- oder Feldbedingungen als zweidimensional anzusehen. Daher ist dieses Versuchssystem in seiner Anwendung auf die Beobachtung der Längenentwicklung und Verzweigung von Wurzelsegmenten beschränkt.

Die Keimwurzel wuchs bei Bodentemperaturen von 25 °C, die nach WALKER (1969) nahe dem Optimum für das Wurzelwachstum von Mais sind, und Bodendichten von 1,25 bis 1,35 g/cm^3 500 mm innerhalb von acht bis neun Tagen. Dies ergibt eine Wachstumsrate von 6,6 cm pro Tag. LEONARD und MARTIN (1967) beobachteten ähnliche Wachstumsraten für Kronenwurzeln von Mais im Feld. Sekundärwurzelbildung erfolgte an zwei Tage alten Wurzelsegmenten. Nur wenige Tertiärwurzeln wurden innerhalb der Versuchsdauer festgestellt. 15 Tage nach Versuchsbeginn fielen die sichtbaren Wurzeln in zwei Durchmesserklassen: Samenbürtige Wurzeln mit Durchmessern von 0,7 bis 1,2 mm und Sekundärwurzeln mit Durchmessern von 0,3 bis 0,6 mm. Die Keimwurzel drang nahezu vertikal in den Boden ein, während die in der Folge gebildeten „dicken" Wurzeln in kleinerem Winkel wuchsen und sich erst mit zunehmender Zeit dem Winkel von 90° näherten. Die meisten Sekundärwurzeln wuchsen nahezu horizontal. Dies bedeutet, daß die Durchwurzelungstiefe wesentlich auf den samenbürtigen und Kronenwurzeln beruht, während das Wachstum der Sekundärwurzeln zu einer erhöhten Wurzeldichte in der jeweiligen Bodenschicht führt. Die Breite der Küvetten begrenzt die horizontale Ausdehnung des Wurzelsystems auf 250 mm. Mehrere Wurzeln wuchsen an den Rändern der Küvetten nach unten und erhöhten in diesen Randbereichen die Wurzeldichte stark. Im Ergebnis unterschieden sich diese Randbereiche deutlich von der Mitte der Küvetten, wo sich die Wurzeln zweier Pflanzen überschnitten. Wachstum von Wurzeln entlang den Wänden wird in Gefäßen häufig beobachtet. Die dünne Bodenschicht unseres Systems macht es leicht, diesen unrepräsentativen äußeren Bereich von den Messungen auszuschließen.

Ein Problem der Messung der Wurzelentwicklung in langen Bodensäulen besteht in der Homogenität der Bodendichte im Gefäß. Gleichmäßige Verdichtung des Bodens durch Befüllen eines Gefäßes von oben ist wegen Reibung zwischen Bodenpartikeln, Reibung von Bodenpartikeln an Gefäßwänden und Abfederung des zur Komprimierung nötigen Drucks durch darunter liegende Bodenschichten nur schwer zu erreichen. Wir befüllen unsere Versuchsgefäße in horizontaler statt in vertikaler Richtung und verdichteten die Bodenschicht in einem Schritt. Untersuchungen sind nötig, um Unterschiede der Homogenität der Bodendichte beider Systeme zu vergleichen. Pflanzenwurzeln, die in einer dünnen Bodenschicht wachsen, müssen Nährstoffe und Wasser aus einem begrenzten Bodenvolumen aufnehmen. Daher ist die Frequenz von Bewässerung und Düngung ausschlaggebend für die Beobachtung des Wurzelwachstums unter nicht limitierenden Bedingungen. Andererseits erlaubt die Beschleunigung von Verarmungsprozessen in den Küvetten in Verbindung mit häufiger Datengewinnung die Untersuchung des Wurzelwachstums unter sich rasch ändernden Bedingungen der Wasser- und Nährstoffverfügbarkeit.

Die Küvetten wurden während des Versuches in einem Winkel von 45° aufgestellt, damit ein größerer Teil von Wurzeln an der transparenten Vorderseite entlang wächst und damit sichtbar wird. Ähnliche Systeme sind von Wissenschaftlern im Labor und Feld genutzt worden (SMIT *et al.* 2000). Der Mangel an Software zur schnellen, häufigen und genauen Messung der Wurzellänge hat es erschwert, die Menge an Wurzeln an den Beobachtungsfenstern in Beziehung zu der insgesamt gebildeten Wurzelmenge zu setzen. Die *RMS*-Software in Verbindung mit Wurzelbildern, die mit einem Scanner gemacht werden, reduziert dieses Problem (Abb. 4) und ermöglicht Messungen mit hoher Wiederholbarkeit (Abb. 2).

Es besteht eine Beziehung zwischen den an der Oberfläche der Küvetten gemessenen Wurzeln und der insgesamt gebildeten Wurzellänge. Trotz des hohen r^2 von 0,77 zeigen die Abweichungen von der Regressionsgeraden (Abb. 4), daß die Anzahl Wiederholungen groß genug sein sollte, um Fehlinterpretationen der Daten zu verhindern. Es besteht die Möglichkeit, daß durch die Neigung der Küvetten den Gravitropismus der Wurzel beeinflußt und sich der Winkel verändert, in dem die Wurzeln relativ zur Bodenoberfläche wachsen. Diese Möglichkeit sollte berücksichtigt werden, wenn Ergebnisse quantitativ interpretiert werden. Wir vermuten, daß sich hierdurch zwar die absoluten Werte ändern, jedoch die relativen Unterschiede zwischen Behandlungen erhalten bleiben. Diese These muß in zukünftigen Untersuchungen geprüft werden.

Literaturverzeichnis

INGRAM, K. T.; LEERS, G. A., 2000: Software for measuring root characters from digital images. *Agronomy Journal* (in review).

LEONARD, W. H.; MARTIN, J. H., 1967: *Cereal Crops*. New York: Macmillan.

PATEÑA, G. F.; INGRAM, K. T., 2000: Digital acquisition and measurement of peanut root minirhizotron images. *Agronomy Journal* **93**, 541–544.

SMIT, A. L.; GEORGE, E.; GROENWOLD, J., 2000: Root observations and measurements at (transparent) interfaces with soil. In: A. L. Smit, A. G. Bengough, C. Engels, M. van Noordwijk, S. Pellerin, S. C. van de Geijn (Hrsg.) *Root Methods – A Handbook*. Berlin, Heidelberg, New York: Springer, 235–271.

WALKER, J. M., 1969: One-degree increments in soil temperature affect maize seedling behavior. *Soil Science Society of America Journal* **33** 729–736.

Physiologie und Funktion von Pflanzenwurzeln. 11. Borkheider Seminar zur Ökophysiologie des Wurzelraumes
Hrsg.: W. Merbach, L. Wittenmayer, J. Augustin
B. G. Teubner — Stuttgart · Leipzig · Wiesbaden (2001), S. 30–35

Untersuchungen zum Rübenkörperwachstum bei Zuckerrüben (*Beta vulgaris* L. spp. *vulgaris* var. *altissima* [Doell])

Lutz WITTENMAYER

Institut für Bodenkunde und Pflanzenernährung, Martin-Luther-Universität Halle-Wittenberg, Adam-Kuckhoff-Straße 17 b, D-06108 Halle/Saale, E-Mail: wittenmayer@landw.uni-halle.de

Abstract

In sugar-beet plants, leaf growth continues even when a leaf area index is reached which is in optimum for light absorbance. Plants develop new leaves until the end of the vegetation period at the expense of sucrose accumulation into tap roots. Additinonally, considerably dry matter losses occur as the number of dead leaves increases.

There are good evdence that mild drought stress inhibits leaf growth while tap root growth continues. This modified growth behaviour under mild drought stress conditions results in a broader root to shoot ratio, *i. e.* greater harvest index but severe drought stress inhibits both shoot and root growth decreasing the root to shoot ratio.

Regulation mechanisms and adaptation processes of sugar-beet plants to drought stress are not well understood yet. The objective of this investigation is to determine drought stress paramaters in pot experiments coresponding with various harvest indices of sugar-beet plants. The knowledge of the relation between water supply, growth behaviour and drought stress is a prerequesite for further sudies of the physiological mechanisms of adaption processes in sugar beet plants, e. g. hormonal responses to water shortage.

Our results show that that the hightest leaf growth coresponds with the highest water content of the growth substrate (60 % of maximum waterholding capacity — max. WHC). Lowering the water content of the substrate resulted in a continous decrease only in leaf growth. The maximum root growth was observed at substrate humidity of about 42...48 % of max. WHC. In consequence, mild drought stress did not result in a decrease in dry matter yield of sugar-beet plants but in a significant shift of the shoot to root-ratio from 0.83 to 0.62. Severe drought stress inhibited shoot and root growth and decresed the total dry matter yield by 10 %. Under conditons of severe drought stress (water content of the substrate was about 20...30 % max. WHC), the harvest index was not significantly different from that of adequate watered sugar-beet plants.

Einleitung

Bei Zuckerrübenpflanzen setzt sich das Blattwachstum nach Ausbildung eines Blattflächenindexes, der eine optimale Lichtaufnahme ermöglicht, fort. Die Pflanzen bilden bis zum Ende der Vegetationsperiode neue Blätter. Gleichzeitig nimmt die Zahl abgestorbener Blätter zu. Die ständige Umschichtung des Blattapparates führt zur Vergeudung von Assimilaten, da die in den abgestorbenen Blättern enthaltenen Gerüstsubstanzen ungenutzt auf dem Feld zurückbleiben (OTTO und SCHILLING 1985). Der fortwährende Blattneuaustrieb erfordert von der Rübenpflanze eine erhebliche Assimilatmenge, die dem Wurzelwachstum verlorengeht. Wie Fütterungsversuche in Gefäßen mit [^{14}C]-Saccharose in den Stiel eines voll entwickelten Blattes gezeigt haben, fanden sich 24 Stunden nach der Applikation ca. 40 % der insgesamt aus den behandelten Organen ausgelagerten Radioaktivität in den jüngsten Blättern wieder. Somit konkurrieren junge Blätter mit der Wurzel um die Assimilate (SCHAU und SCHUMANN 1975). Durch Verhinderung des Blattneuaustriebes auf mechanischem Wege nach Ausbildung von 15 Blättern je Pflanze konnte daher der Wurzelertrag um 23 % gesteigert werden. Gleichzeitig verringerte sich das Blatt/Wurzel-Verhältnis von 0,56 auf 0,40 (SCHILLING und OTTO 1984). Somit müßte man durch Umverteilung der Assimilate zugunsten der Wurzel den Saccharoseertrag steigern können.

Eine Trockenmasseumverteilung bei der Zuckerrübe zugunsten des Rübenkörpers stellten KRETSCHMER und HOFFMANN (1985) auch nach Einwirkung von Trockenstreß auf in Feldversuchen angezogenen Pflanzen fest. Es konnte gezeigt werden, daß das Ertragsverhalten vom Trockenstreßgrad abhing. Milder Trockenstreß verringerte nur das Blattwachstum, so daß der Wurzelertrag relativ stieg. Erst bei mäßigem Trockenstreß wurden die Netto-CO_2-Assimilation pro Blattflächeneinheit und der Rübenkörperzuwachs eingeschränkt. Dies hatte zur Folge, daß milder Trockenstreß das Sproß/Wurzel-Verhältnis zugunsten des Rübenkörpers verschob. Ein größeres Wasserdefizit im Boden kehrte dieses Ertragsverhalten wieder um.

Damit stellt sich die Frage nach dem endogenen Steuermechanismus, der ursächlich an der Assimilatumverteilung bei begrenztem Wasserangebot beteiligt ist. Seit den Arbeiten von WRIGHT (1969) ist bekannt, daß die Abscisinsäure eine wesentliche Rolle bei der Trockenstreßadaption der Pflanzen spielt (vgl. WITTENMAYER 1992).

Material und Methoden

Die Anzucht der Zuckerrübenpflanzen (Sorte ‚Ponemo') erfolgte in Mitscherlichgefäßen. Eine Variante umfaßte fünf Gefäße. Als Nährsubstrat diente ein Gemisch aus 4,5 kg Quarzsand und 1,5 kg Boden (Sandlehm-Braunschwarzerde vom „Julius-Kühn-Versuchsfeld", Halle/S.). Die Grunddüngung pro Gefäß betrug: 0,70 g N als NH_4NO_3, 0,50 g P als $CaHPO_4 \cdot 2\,H_2O$, 0,72 g K als K_2SO_4, 0,30 g Mg als $MgSO_4 \cdot 7\,H_2O$, 2 ml 5%ige $FeCl_3$-Lösung und 1 ml A–Z-Lösung (*a*) nach Hoagland (HOAGLAND und SNYDER 1934).

Das Calciumphosphat wurde in einem Mörser fein zerrieben und zusammen mit dem Boden unter den Quarzsand gemischt. Die Salze der anderen Makronährstoffe gelangten als wäßrige Lösungen zur Anwendung. Je Gefäß wurden 20 Samen ausgesät. 0,5 kg Quarzsand dienten als Deckschicht. Der Ansatz erfolgte in der letzten Aprildekade. Bis zum Eintritt des 4-Blattstadiums (DC 24) (BACHMANN 1986) wurde stufenweise auf zwei Pflanzen vereinzelt. Bis Juni (DC 26...31) kamen weitere Stickstoffgaben in Form von NH_4NO_3 und KNO_3 zur Anwendung. Insgesamt betrug die verabreichte N- und K-Menge 3,0 bzw. 3,5 g/Gefäß. In drei Kontrollgefäßen (ohne Pflanzen) wurde die Wasserkapazität (*WK*) des Substrats bestimmt. Diese entsprach der gravimetrisch bestimmten Differenz zwischen den Wasserverlusten bepflanzter und unbepflanzter Gefäße gleicher Substratfeuchte pro Zeiteinheit.

Bis zur ersten Julidekade (DC 33...36) betrug die Substratfeuchte aller Varianten 60 % der maximalen *WK*. Danach erfolgte eine Differenzierung des Wasserversorgungsniveaus auf 60, 45 und 30 % WK_{max}. Die Mitscherlichgefäße sind unter Berücksichtigung des Biomassezuwachses, der durch Zwischenernten ermittelt wurde, mehrmals täglich mit destilliertem Wasser auf Gewichtskonstanz gegossen worden.

Ergebnisse

Zur Charakterisierung des Einflusses der Substratfeuchte auf die Trockenmasseverteilung sind in Tab. 1 Trockenmasseerträge wiedergegeben. Es ist ersichtlich, daß Trockenstreß einen wesentlichen Einfluß auf die Trockenmasseverteilung bei der Zuckerrübe besitzt. Zwar produzieren die Pflanzen bei einer Substratfeuchte von 60 und 45 % WK_{max} die gleiche Gesamttrockenmasse, der Anteil des Blattapparates bzw. des Rübenkörpers an diesem Wachstum war hingegen unterschiedlich. Während bei hoher Substratfeuchte eine intensive Blattbildung auftrat, war sie bereits bei mittlerer Wasserversorgungsstufe eingeschränkt und bei 30 % WK_{max}

stark gehemmt.

Mit zunehmendem Wasserdargebot bildeten die Pflanzen kräftigere Blätter, was sich in einer größeren Substanzmenge pro Blatt äußerte. Ein voll entwickeltes Blatt der Kontrollpflanzen konnte 0,45 g (46 %) mehr Trockenmasse auf sich vereinen, als bei Pflanzen bei mäßigem Trockenstreß. Zur 45 %-WK_{max}-Variante betrug der Unterschied immerhin noch 0,27 g TS (23 %). Anders als beim Blattapparat verlief die Trockenmasseanreicherung im Rübenkörper. Eine Verringerung der Substratfeuchte von 60 auf 45 % der maximalen Wasserkapazität stimulierte sogar sein Wachstum. Bei einem Feuchtegehalt von 30 % WK_{max} war schließlich auch die Wurzelbildung gehemmt.

Tab. 1. Einfluß der Substratfeuchte auf die Trockenmasseverteilung bei Zuckerrübenpflanzen. Probenahme zu DC 48, 88 Tage nach Einstellen der Wasserversorgungsstufen, $n = 5$.

Pflanzenart	Substratfeuchte [% WK_{max}]			GD (Tukey, P < 0,05)
	60	45	30	
Trockenmasse [g/Gefäß]				
Blatt	54,7	47,2	43,6	5,2
Rübenkörper	66,6	76,9	65,2	11,6
Feinwurzeln	12,4	14,8	10,3	7,4
Gesamttrockenmasse	133,7	139,0	119,2	12,9
Blatt/Rübenkörper-Verhältnis	0,83	0,62	0,68	0,17

Aufgrund der bereits von KRETSCHMER und HOFFMANN (1985) beschriebenen unterschiedlichen Empfindlichkeit des Blatt- bzw. Rübenkörperwachstums gegenüber Wassermangel bewirkte milder Trockenstreß ein gemindertes Blattwachstum bei sich gleichzeitig fortsetzendem Wurzelwachstum, was eine Verschiebung des Blatt/Rübenkörper-Verhältnisses zugunsten des Rübenkörpers zur Folge hatte. Da bei sehr geringer Substratfeuchte sowohl die Blatt- als auch die Wurzelentwicklung gehemmt war, änderte sich dieser Parameter im Vergleich zur Kontrolle (60 % WK_{max}) nicht signifikant.

Mit Hilfe der Regressionsanalyse wurde die Beziehung zwischen einzelnen Ertragsparametern und der Substratfeuchte untersucht. Die in Abb. 1 und 2 eingezeichneten Funktionen sind statistisch gesichert, die Regressionskoeffizienten der

34

Gleichungen mit einer Irrtumswahrscheinlichkeit von 5 % von null verschieden. Das Konfidenzintervall (P < 0,05) des Maximums der Schätzfungktion für die Gesamttrockenmasse G lag zwischen 45 und 54 % WK_{max}, das für ein minimales Blatt/Rübenkörper-Verhältnis zwischen 35 und 45 % und das für einen maximalen Rübenkörperertrag zwischen 42 und 49 % WK_{max}. Es konnte somit gezeigt werden, daß der Optimalwert für das von der Substratfeuchte abhängige Blatt/Rübenkörper-Verhältnis im Untersuchungsbereich lag und die gewählten Wasserversorgungsstufen ausreichten, um das von KRETSCHMER und HOFFMANN (1985) beschriebene Reaktionsspektrum der Zuckerrübe auf Wassermangel zu umfassen.

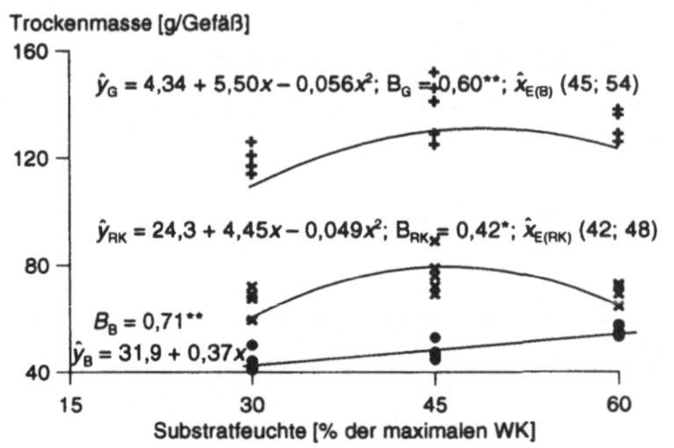

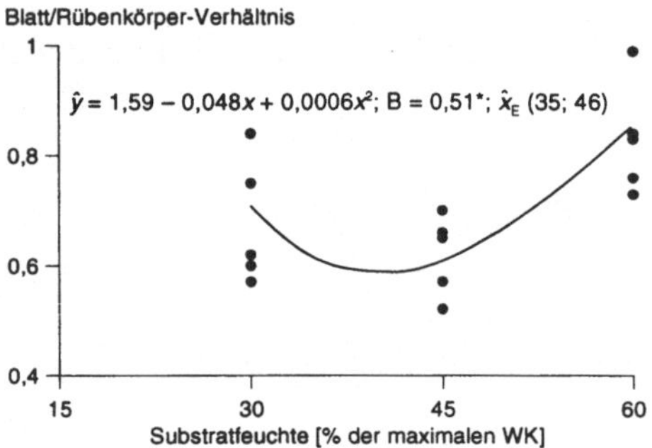

Abb. 1. Regressionsgleichungen für die Abhängigkeit des Trockenmasseertrages des Rübenkörpers (RK; ×), des Blattes (B; •) und der gesamten Pflanze (G; +) von der Substratfeuchte.

Abb. 2. Regressionsgleichung für die Abhängigkeit des Blatt/Rübenkörper-Verhältnisses von der Substratfeuchte.

Literaturverzeichnis

BACHMANN, L., 1986: Zur Einführung eines zweiziffrigen Codes zur Kennzeichnung der Wachstumsstadien bei Zuckerrüben. *Feldwirtschaft* **27**, 392–394.

HOAGLAND, D. R.; SNYDER, W. C., 1934: Nutrition of strawberry plants under controlled conditions: (a) Effects of deficiencies of boron and certain other elements; (b) susceptibility to injury from sodium salts. *Proceedings of the American Society of Horticultural Science for 1933* **30**, 288–294.

KRETSCHMER, H.; HOFFMANN, F., 1985: Einfluß von Wasserdefizit auf Blattwachstum, Netto-CO_2-Assimilation und Ertragsbildung der Zuckerrüben unter Feldbedingungen. *Archiv für Acker- und Pflanzenbau und Bodenkunde* **29**, 521–530.

OTTO, S.; SCHILLING, G., 1985: Untersuchungen zur Veränderung des Rübe/Blatt-Verhältnisses bei Zuckerrüben. *Tagungsberichte der Akademie der Landwirtschafts-*

wissenschaften der DDR **231**, 65-73.

SCHAU, R.; SCHUMANN, F., 1975: Untersuchungen über die Regulation der Assimilatbildung und des Assimilattransportes bei Zuckerrüben (*Beta vulgaris* L. ssp. *altissima*). Dissertation, Universität Halle.

SCHILLING, G.; OTTO, S., 1984: Mechanismen der Ertragsbildung bei Zuckerrüben. *Tagungsberichte der Akademie der Landwirtschaftswissenschaften der DDR* **224**, 405-410.

WRIGHT, S. T. C., 1969: An increase in the "inhibitor-β" content of detached wheat leaves following a period of wilting. *Planta* **86**: 10-20.

WITTENMAYER, L., 1992: Untersuchungen über die hormonelle Steuerung des Blatt/Rübenkörper-Verhältnisses bei Zuckerrüben (*Beta vulgaris* L. ssp. *vulgaris* var. *altissima* [Doell]) unter besonderer Berücksichtigung der Abscisinsäure. Dissertation, Universität Halle.

2

Pflanzen–Mikroben-Interaktionen

Physiologie und Funktion von Pflanzenwurzeln. 11. Borkheider Seminar zur Ökophysiologie des Wurzelraumes
Hrsg.: W. Merbach, L. Wittenmayer, J. Augustin
B. G. Teubner — Stuttgart · Leipzig · Wiesbaden (2001), S. 39–45

Befall der Wurzeln verschiedener *Gramineen*-Arten durch molekulargenetisch differenzierte Pilzgruppen des *Gaeumannomyces/Phialophora*-Komplexes

Claudia AUGUSTIN und Kristina ULRICH
Zentrum für Agrarlandschafts- und Landnutzungsforschung (ZALF) e. V., Institut für Landnutzungssysteme und Landschaftsökologie, Eberswalder Straße 84, D-15374 Müncheberg

Abstract

Fungi of the *G-P* complex are distinguishable into species and varieties using molecular methods. Beside intervarietal differentiation, RAPD groups *A* and *E* could be divided into specific subgroups. In biotests different groups and subgroups showed variations concerning their pathogenicity, host specification and competitiveness. More extensive investigations are necessary to determine interactions between these characteristics under natural conditions in the plant—soil system.

Einleitung

Die aktuell aus phytopathologischer Sicht bedeutsamen Pilze des *Gaeumannomyces/ Phialophora-* (G/P) Komplexes, zu denen die verschiedenen Erreger der Schwarzbeinigkeit an *Gramineen* gehören, lassen sich heute mit Hilfe molekulargenetischer Fingerprint-Methoden (u. a. RAPD-PCR) schnell und sicher identifizieren sowie inter- und intravarietal differenzieren (AUGUSTIN *et al.* 1999). Dadurch wird es einfacher, gezielt für diese Pilzgruppen die Unterschiede in den wesentlichen Charakteristika des Konkurrenzverhaltens (Wachstumsgeschwindigkeit und Hemmhofbildung) sowie der phytopathogen relevanten Merkmale Pathogenität und Wirtsspezifität zu untersuchen.

Material und Methoden

Verwendete Pilze: Auswahl der molekulargenetisch differenzierten Pilzgruppen (mindestens drei Vertreter je Gruppe) des G/P-Komplexes von unterschiedlichen Untersuchungsstandorten Deutschlands (spezifische Beschreibung in AUGUSTIN *et al.* 1999).

Verwendete Getreide- und Grassorten: Weizen (‚Eta‘), Hafer (‚Panther‘, ‚Alf‘), Triticale

(„Trimaran‘), Gerste („Maresi‘), Sommerroggen („Petka‘), Welsches Weidelgras („Malmi‘), Rotschwingel („Tridano‘), Weißes Straußgras („Kita‘), Rotes Straußgras („Highland Bent‘).

Bestimmung der Wachstumsraten: Hierzu wurden jeweils fünf repräsentative Isolate der entsprechenden Pilzgruppen (*G. graminis* var. *graminis* var. *tritici* Untergruppen $A1$, $A2_n$, $A2_{10}$, *G. graminis* var. *graminis*, Gruppe *E*, *G. cylindrosporus*) in je drei Parallelen auf Malzagarplatten sechs bis sieben Tage bei 27 °C inkubiert. Alle 24 Stunden wurde die Distanz des Kolonierandes zum Beimpfungspunkt erfaßt.

Koloniemorphologie: Zur Untersuchung morphologischer Parameter und dabei der Wechselwirkungen zwischen Isolaten wurden die Pilze ca. zwei Wochen auf Malzagarplatten inkubiert.

Pathogenitätstest (Standardverfahren): Die Pathogenität der Isolate wurde mit Hilfe eines standardisierten Biotests (AUGUSTIN 1989, AUGUSTIN *et al.* 1997) ermittelt. Zur Einschätzung der Pathogenität erfolgte die Vergabe von Boniturnoten, denen der Grad der Beeinflussung des Pflanzenwachstums durch die Isolate zu Grunde lag. Der Schlüssel lautet wie folgt: 1 = Förderung des Pflanzenwachstums, 2 = nicht pathogen, 3 = schwach pathogen, 4 = mäßig pathogen, 5 = stark pathogen.

Ergebnisse

Merkmale zur Kennzeichnung des Konkurrenzverhaltens

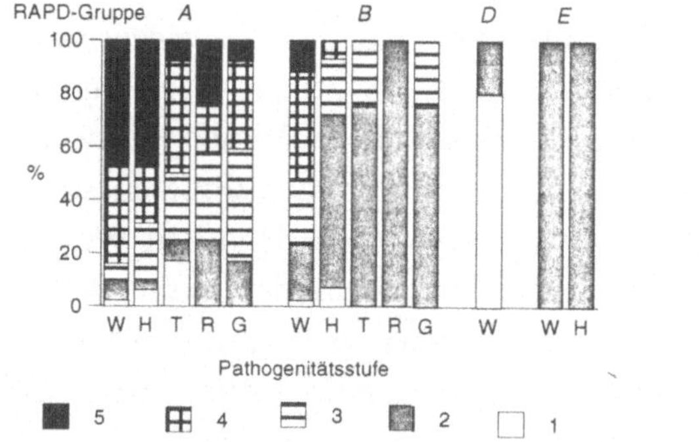

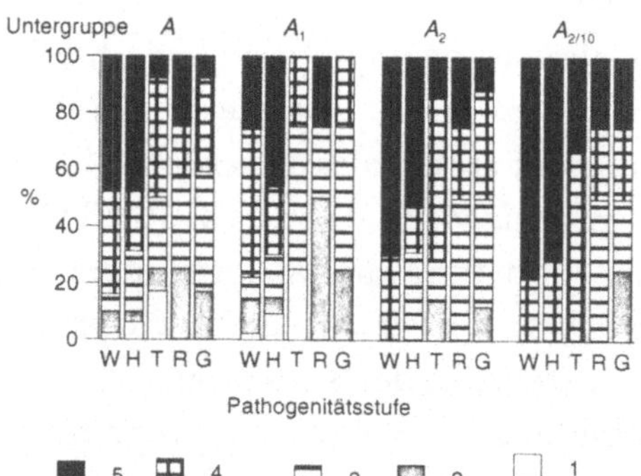

Abb. 1. Verteilung von Pathogenitätsstufen (1: wachstumsfördernd, 2: nicht pathogen, 3: schwach pathogen, 4: mäßig pathogen, 5: stark pathogen) der verschiednen RAPD-Hauptgruppen des *Gaeumannomyces/Phialophora*-Komplexes an verschiedenen Getreidearten. Abkürzungen wie in Abb. 2.

Abb. 2.Verteilung von Pathogenitätsstufen der RAPD-Untergruppe *A Gaeumanonnomyces graminis* var. *tritici*) an verschiedenen Getreidearten. W = Weizen, H = Hafer, T = Triticale, R = Roggen, G = Gerste. Pathogenitätsstufen wie in Abb. 1.

Ein wesentliches Kriterium, um die Wirkung der Pilzgruppen des *G/P*-Komplexes einzuschätzen, ist die Kenntnis ihrer Konkurrenzkraft bzw. ihres Konkurrenzverhaltens. Erste Aufschlüsse darüber lassen sich aus der Wachstumsgeschwindigkeit und gegenseitiger Hemmung der Pilze ableiten.

Wachstumsraten: Bei der Untersuchung der mittleren Wachstumsraten (radiales Wachstum auf Malzagar bei 27 °C) zeigten sich zwischen den Isolaten der verschiedenen Varietäten und Gruppen relativ große Unterschiede (Abb. 1). Mit 6,2 bzw. 5,9 mm/24 h wuchsen die Isolate der *G. graminis* var. *tritici* Untergruppen $A2$ bzw. $A2_{10}$ deutlich schneller als die *A1*-Isolate mit 4,2 mm/24 h. Die Wachstumsgeschwindigkeit *der G. graminis* var. *graminis*-Isolate lag bei 6,3 mm/24 h. Die Wachstumsrate der Isolate der RAPD-Gruppe *E* betrug 4,2 mm pro 24 h und entsprach damit der Wachstumsrate der Isolate der Untergruppe *A1* der Varietät *tritici*. Die vergleichend gemessene Wachstumsrate der *G. cylindrosporus/P. graminicola*-Isolate lag nur bei ca. 2,7 mm/24 h. Damit gehören die Gruppe *E*-Isolate mit den Pilzen der Varietäten *tritici*, *avenae* und *graminis* nach WETZEL et al. (1996) zu den schnell wachsenden Isolaten (3,2...6,6 mm/24 h bei 25 °C), während die Art *G. cylindrosporus/P. graminicola* zu den langsam wachsenden gehört (1,6...3,4 mm/ 24 h bei 25°C).

Hemmhofbildung: Zwischen allen Subgruppen der Varietät *tritici* waren eindeutige Hemmzonen auf den Malzagarplatten erkennbar. Während zwischen *A1*-Isolaten und $A2_n$ bzw. $A2_{10}$-Isolaten nahezu myzelfreie – also unbewachsene Bereiche (Hemmhöfe) – zu sehen waren (*A1* hemmt das Wachstum von $A2_n$ bzw. $A2_{10}$), bildete sich an der Grenze zwischen $A2_n$ und $A2_{10}$-Isolaten nur ein Streifen aus dunklem Myzel. Zwischen den Isolaten der Varietäten *tritici* und *graminis* wurden als Reaktion auf das Zusammentreffen ebenfalls wallähnliche Hemmzonen aus dunklem Myzel gebildet. Die Isolate der Gruppe *E* bildeten beim Aufeinandertreffen mit allen Isolaten der Varietät *tritici* deutliche Hemmzonen, die als dunkler, fast schwarzer Myzelrand sichtbar waren.

Einschätzung der Pathogenität und Wirtsspezifität der verschiedenen Pilze des G/P-Komplexes

Um den Einfluß der Wirtspflanzen auf Vorkommen, Vermehrung und Verhalten (speziell: Pathogenität) der verschiedenen Pilzgruppen des *G/P*-Komplexes sicher zu beschreiben, wurde eine Serie von Untersuchungen an verschiedenen *Gramineen* (fünf Getreidearten und Gräser standortangepaßter Brachen) begonnen. Zur Zeit liegen sehr detaillierte Ergebnisse für die Testpflanzen Weizen und Hafer sowie erste Befunde für die Getreidearten Triticale, Gerste und Roggen (drei Versuchswiederholungen) und Gräser Weidelgras, Rotschwingel, Straußgras (zwei Versuchswiederholungen) vor.

Nach diesen Ergebnissen sind Vertreter aus allen Pilzgruppen des G/P-Komplexes in der Lage, die getesteten Getreide- und Grassorten zu infizieren. Beim Getreide und dabei speziell beim Weizen zeigten die Isolate der RAPD-Gruppe A (*Gaeumannomyces graminis* var. *tritici*) die höchsten Pathogenitätswerte (Stufe 4 und 5) und damit höchste Schadwirkung (Abb. 1) mit deutlichen Differenzen zwischen den Untergruppen (Abb. 2). Während bei der Untergruppe $A2$ ($A2_n$- und $A2_{10}$-Isolate) alle Isolate gegenüber Weizen pathogen waren, führen die Isolate der Untergruppe $A1$ zu einer wesentlich höheren Variabilität aller Pathogenitätsstufen. Im Gegensatz zur Untergruppe $A2$ war hier aber der Anteil stark pathogener Pilze wesentlich geringer. Gegenüber Hafer ließen die hier getesteten Isolate der Gruppe A im Gegensatz zu Literaturbefunden (OSBOURN *et al.* 1994) eine starke Aggressivität (Abb. 1 und 2) erkennen. Sowohl bei der Untergruppe $A1$ als auch bei der Untergruppe $A2$ erwiesen sich 70 % der Isolate als pathogen gegenüber Hafer. Die Anteile an pathogenen und stark pathogenen Isolaten waren bei beiden Isolategruppen gleich groß. Bedeutend ist, daß innerhalb der Untergruppe $A2$ alle Isolate der Sondergruppe $A2_{10}$ vorrangig über eine starke Pathogenität (Stufe 5) verfügten. Auch bei Triticale, Roggen und Gerste scheinen sich die Isolate der Untergruppe $A2$ tendenziell aggressiver als die Isolate der Untergruppe $A1$ zu verhalten.

Auf die getesteten Grassorten wirkten die Isolate der RAPD-Gruppe A sehr differenziert. Die höchste Anfälligkeit zeigten das Weiße Straußgras und das Sandstraußgras, wogegen das Welsche Weidelgras und der Rotschwingel weniger geschädigt wurden und eine enge Beziehung zu den Untergruppen $A1$ bzw. $A2_{10}$ zeigten. Angesichts der geringen Anzahl untersuchter Isolate, die sich zudem extrem variabel verhalten, sind jedoch keine abschließenden Aussagen möglich.

Für die in den letzten Jahren in der Literatur bezüglich ihrer Pathogenität immer häufiger als inhomogen eingeschätzte RAPD-Gruppe B (*Gaeumannomyces graminis* var. *graminis*) (ELLIOTT *et al.* 1993, WARD und AKROFI 1994, FOULY *et al.* 1996, 1997) konnte aufgrund der Vielzahl untersuchter Isolate an der Testpflanze Weizen gezeigt werden, daß in der Tat neben apathogenen und schwach pathogenen Isolaten auch eine große Anzahl pathogener Isolate existiert (Abb. 2).

Gegenüber den anderen Getreidearten verhielten sich die Isolate der RAPD-Gruppe B nur sehr wenig oder gar nicht pathogen. Von den getesteten Gräsern zeigte Rotschwingel die höchste Anfälligkeit gegenüber den Isolaten dieser Pilzgruppe. Die Isolate der RAPD-Gruppe D (*Gaeumannomyces cylindrosporus/P. graminicola*) zeigten keine Pathogenität gegenüber den bisher getesteten Pflanzen, denn sie besiedelten die entsprechenden Wirtspflanzen nur oberflächlich, ohne in den Zentralzylinder einzudringen.

Ähnlich wenig pathogen verhalten sich auch die Isolate der neu beschriebenen *Phialophora*-Art (RAPD-Gruppe *E*). Die Untersuchung an einer Auswahl relevanter *Gramineen* zeigte, daß die Isolate dieser Pilzgruppe zwar die für die Infektionen mit Pilzen des *G/P*-Komplexes typische Schwarzfärbung der Wurzeln hervorriefen, die aber nicht mit sichtbarer Schädigung der Pflanzen einherging. Der Pilz besiedelt die Wurzeln ebenfalls nur oberflächlich und kann deshalb generell als apathogen gegenüber den getesteten Getreide- sowie Grassorten angesehen werden.

Diskussion

Aus der Betrachtung des Einflusses der verschiedenen Pilzgruppen des *G/P*-Komplexes auf die Pflanzenentwicklung (Pathogenität) geht klar hervor, daß die RAPD-Gruppe *A* (*G. graminis* var. *tritici*) prinzipiell am stärksten aggressiv wirkt (s. a. WALKER 1981, COOK 1994). Bemerkenswert ist jedoch das diesbezüglich deutlich unterscheidbare Verhalten der einzelnen Untergruppen gegenüber den verschiedenen Getreidearten. Während alle bisher getesteten Isolate der RAPD-Gruppe *A2* sich tatsächlich als aggressiv und vorrangig sogar als stark aggressiv erwiesen, ergab sich für die Untergruppe *A1* eine wesentlich größere Bandbreite der Wirkung auf die Testpflanzen.

Vollkommen überrascht hat auch die hohe Aggressivität der getesteten Isolate der RAPD-Gruppe *A* gegenüber den beiden untersuchten Hafersorten. Bei Hafer wurden vorrangig nur mutierte Sorten als anfällig gegenüber dieser Pilzgruppe beschrieben (OSBOURN *et al.* 1991, 1994), die einen verringerten Gehalt an Avenacin (fungistatisch wirkendes Glycosid) aufweisen. Die Untersuchung des Avenacingehaltes unserer Hafersorten mittels Fluoreszenztest ließ im Vergleich zu einer nichtanfälligen Hafersorte ('Image') der Arbeitsgruppe von A. E. Osbourn in Cambridge keinen Unterschied erkennen. Um diese Diskrepanzen zu klären, wurden zwischen den beiden Arbeitsgruppen Saatgut und Pilzisolate ausgetauscht. Zur Zeit laufen die diesbezüglichen Untersuchungen.

Anhand unserer Untersuchungen konnte ebenfalls nachgewiesen werden, daß die Pilze der RAPD-Gruppe *B* (*G. graminis* var. *graminis*) anders als früher angenommen (DEACON 1974, 1976, WONG und SOUTHWELL 1980) eine erhebliche Pathogenität gegenüber Weizen besitzen (ca. 50 % aller Isolate). Dieser Sachverhalt wird inzwischen auch durch andere Autoren bestätigt (ROY *et al.* 1976, WARD und GRAY 1992). Dies deutet darauf hin, daß die Beeinträchtigung des Wachstums von Weizen durchaus zum normalen Reaktionsspektrum der Varietät *graminis* gehört und nicht etwa nur einen selten vorkommenden Ausnahmefall darstellt. Allerdings scheint die Pathogenität der Vertreter dieser Gruppe im Vergleich zu den *G. graminis* var. *tritici*-Isolaten insgesamt einer viel größeren Variabilität zu unterliegen. Da hier bisher keine Untergruppen nachweisbar waren, lassen sich auch keine Aussagen zur Subklassifizierung in Hinblick auf die Pathogenität treffen.

Literaturverzeichnis

AUGUSTIN, C., 1989: Möglichkeiten einer Schadminderung der Schwarzbeinigkeit an Weizen mittels apathogener Pilze. I. Mitteilung. Selektion und Testung apathogener Pilze im Pflanzentest unter semi- und unsterilen Bedingungen. *Zentralblatt für Mikrobiologie* **144**, 563–570.

AUGUSTIN, C.; JACOB, H. J.; WERNER, A., 1997: Effects on growth of wheat plants of isolates of *Gaeumannomyces/Phialophora*-complex fungi in different conditions of soil moisture, temperature, and photoperiod. *European Journal of Plant Pathology* **103**, 417–426.

AUGUSTIN, C.; ULRICH, K.; WARD, E.; WERNER, A., 1999: RAPD-based inter- and intravarietal classification of fungi of the *Gaeumannomyces-Phialophora* complex. *Journal of Phytopathology* **147**, 109–117.

COOK, R. J., 1994: Problems and progress in the biological control of wheat take-all. *Plant Pathology* **43**, 429–437.

DEACON, J. W., 1974: Interactions between varieties of *Gaeumannomyces graminis* and *Phialophora radicicola* on roots, stem bases and rhizomes of the Gramineae. *Plant Pathology* **23**, 85–92.

DEACON, J. W., 1976: Biological control of the take-all fungus, *Gaeumannomyces graminis*, by *Phialophora radicicola* and similar fungi. *Soil Biology and Biochemistry* **8**, 275–283.

ELLIOTT, M. L.; HAGAN, A. K.; MULLEN, J. M., 1993: Association of *Gaeumannomyces graminis* var. *graminis* with a St. Augustinegrass root rot disease. *Plant Disease* **77**, 206–209.

FOULY, H. M.; WILKINSON, H. T.; DOMIER, L. L., 1996: Use of random amplified polymorphic DNA (RAPD) for identification of *Gaeumannomyces* species. *Soil Biology and Biochemistry* **28**: 703–710.

FOULY, H. M.; WILKINSON, H. T.; CHEN, W., 1997: Restriction analysis of internal transcribed spacers and the small subunit gene of ribosomal DNA among four *Gaeumannomyces* species. *Mycologia* **89**, 590–597.

OSBOURN, A. E.; CLARKE, B. R.; DOW, J. M.; DANIELS, M. J., 1991. Partial characterization of avenacinase from *Gaeumannomyces graminis* var. *avenae*. *Physiological and Molecular Plant Pathology* **38**, 301–312.

OSBOURN, A. E.; CLARKE, B. R.; LUNNESS, P.; SCOTT, P. R.; DANIELS, M. J., 1994: An oat species lacking avenacin is susceptible to infection by *Gaeumannomyces grami-*

nis var. *tritici. Physiological and Molecular Plant Pathology* **45**, 457–467.

ROY, K. W.; ABNEY, T. S.; HUBER, D. M., 1976: Isolation of *Gaeumannomyces graminis* var. *graminis* from soybeans in the midwest. *Proceedings of American Phytopathology Society* **3**, 284.

WALKER, J., 1981: Taxonomy of take-all fungi and related genera and species. In: M. J. C. Asher, P. J. Shipton (Hrsg.) *Biology and Control of Take-All*. London: Academic Press, 15–74.

WARD, E.; AKROFI, A. Y., 1994: Identification of fungi in the *Gaeumannomyces-Phialophora* complex by RFLPs of PCR-amplified ribosomal DNAs. *Mycological Research* **98**, 219–224.

WARD, E.; GRAY, R. M., 1992: Generation of a ribosomal probe by PCR and its use in identification of fungi within the *Gaeumannomyces-Phialophora* complex. *Plant Pathology* **41**: 730–736.

WETZEL III, H. C.; DERNOEDEN, P. H.; MILLNER, P. D., 1996: Identification of darkly pigmented fungi associated with turfgrass roots by mycelial characteristics and RAPD-PCR. *Plant Disease* **80**, 359–364.

WONG, P. T. W.; SOUTHWELL 1980. Field control of take-all of wheat by avirulent fungi. *Annals of Applied Biology* **94**, 41–49.

Physiologie und Funktion von Pflanzenwurzeln. 11. Borkheider Seminar zur Ökophysiologie des Wurzelraumes
Hrsg.: W. Merbach, L. Wittenmayer, J. Augustin
B. G. Teubner — Stuttgart · Leipzig · Wiesbaden (2001), S. 46–52

Sortenabhängige Unterschiede der Zusammensetzung der Rhizosphärenbakterienpopulationen bei Raps

Angelika RUMBERGER, Petra MARSCHNER und Reinhard LIEBEREI
Institut für Angewandte Botanik der Universität Hamburg, Marseiller Straße 7,
D-20355 Hamburg

Abstract

The composition of the bacterial microflora in the rhizosphere of two canola cultivars with either high ('Rainbow') or low ('Monty') root glucosinolate content was assessed using *Biolog* ecoplates and denaturing gradient gel electrophoresis (DGGE). After enzymatic breakdown, glucosinolates form toxic substances such as 2-phenylethylisothiocyanate (PEITC) which may affect sensitve microorganisms. Substrate utilization was strongly influenced by soil moisture but not by canola cultivar. Only in 'Monty', substrate utilization pattern was affected by PEITC concentration in the rhizosphere soil. The bacterial composition assessed by DGGE was shown to be strongly influenced by PEITC concentration in the rhizosphere soil as well as by soil moisture. The results show that already during growth of canola significant amounts of PEITC are released by the roots which may affect the composition of bacterial rhizosphere microflora.

Einleitung

Die Spaltprodukte von Glucosinolaten zeichnen sich durch eine hohe synökologische Bedeutung aus (BROWN und MORRA 1997). In der intakten Zelle bzw. in intaktem Gewebe sind Glucosinolate und das sie spaltende Enzym, die Myrosinase, räumlich voneinander getrennt. Die biologisch aktiven Spaltprodukte entstehen, wenn die Zellintegrität zerstört wird (BONES und ROSSITER 1996), wie z. B. durch Tierfraß oder auch durch Alterungsprozesse und Abschilferung beim Wurzelwachstum. Von den Glucosinolatspaltprodukten gelten die Isothiocyanate als die biologisch wirksamsten (BROWN und MORRA 1997). Verschiedene bodenbürtige Pathogene werden durch glucosinolatreiche Pflanzen unterdrückt (BROWN und MORRA 1997). Diese Biofumigationswirkung (KIRKEGAARD *et al.* 1998) wird auf während des Abbaus des Pflanzenmateriales freigesetzte Glucosinolatspaltprodukte zurückgeführt. Unklar ist jedoch bisher, ob schon während des Pflanzenwachstums ein Einfluß freigesetzter Glucosinolatspaltprodukte auf die Bodenmikroflora besteht.

In dieser Arbeit sollte die Wirkung von Glucosinolatspaltprodukten auf die Zusammensetzung der bakteriellen Populationen in der Rhizosphäre untersucht werden. Als Versuchspflanze diente Raps (*Brassica napus* L.), da Raps in bezug auf den Gehalt an Glucosinolaten züchterisch intensiv bearbeitet wurde. Dadurch wird es möglich, das Artenspektrum in der Rhizosphäre von Sorten mit unterschiedlich hohen Glucosinolatgehalten zu vergleichen. Gluconasturtiin, das durch die Myrosinase zu Glucose und 2-Phenylethylisothiocyanat (PEITC) gespalten wird, macht 65...90 % des gesamten Glucosinolatgehaltes der Rapswurzeln aus (KIRKEGARD und SARWAR 1999). Daher wurde die Untersuchung auf die Wirkung des PEITC im Wurzelraum fokussiert. Die bakterielle Rhizosphärenmikroflora wurde sowohl kulturabhängig durch eine Substratnutzungsmusteranalyse als auch kulturunabhängig mit Hilfe der denaturierenden Gradienten-Gel-Elektrophorese (DGGE) (HOLBEN 1994) untersucht.

Material und Methoden

Die australischen Sommerrapssorten ‚Monty' und ‚Rainbow', 5 µmol/g bzw. 25 µmol/g Gluconastutiin in der Wurzeltrockenmasse zur Blüte (KIRKEGAARD 1999, persönliche Mitteilung) wurden in 1-Liter-Gefäßen ausgesät. Jede Sorte war mit sechs Parallelen vertreten. Ein Gefäß ohne Pflanzen diente als Kontrolle. Das Substrat war ein Luvisol (60 % Sand, 20 % Schluff, 20 % Ton). Nach acht Tagen wurden die Sämlinge auf vier pro Gefäß vereinzelt. Die Kultivierung der Pflanzen erfolgte im Gewächshaus bei 12 h Zusatzbeleuchtung von 800 µE/(s · m^2).

32 Tage nach der Aussaat wurden die Wurzeln vorsichtig aus dem Boden entnommen und der lose anhaftende Boden abgeschüttelt. Der danach noch an den Wurzeln anhaftende Boden wurde als Rhizosphärenboden definiert. Die für die DNS-Isolierung und für die PEITC-Bestimmung vorgesehenen Proben wurden bis zur Extraktion bei –70 °C gelagert. Die Proben für die *Biolog-Ecoplates* wurden sofort weiter bearbeitet.

Die funktionelle Diversität wurde mit Hilfe von *Biolog-Ecoplates* bestimmt. Diese Mikrotiterplatten enthalten 35 ökologisch relevante Substrate. Von der 10^{-2} Verdünnung wurden 150 µl in jede Kaverne pipettiert. Die Platten wurden bei 28 °C 50 h inkubiert. Die PEITC-Bestimmung erfolgte gaschromatographisch aus einem Chloroformauszug des Rhizospärenbodens.

Nach der DNS-Isolierung aus dem Boden wurde eine hochvariable, ca. zweihundert Basenpaare lange Region der ribosomalen 16 S-DNS, die von zwei konservierten, für Bakterien typische Abschnitten flankiert ist, mit den Primern *F984* und *R1378* amplifiziert (HEUER *et al.* 1997). Zur Auftrennung der DNS diente ein 8 %

Acrylamid-Bisacrylamidgel mit einem denaturierenden Harnstoff-Formamidgradienten von 35...55 %. (100 % = 8 M Harnstoff und 40 Vol.-% Formamid). Die elektrophoretische Auftrennung fand über 5 h bei 150 V und 60 °C statt. Anschließend wurde das Gel mit *SYBR Green* gefärbt. Während doppelsträngige DNS ungehindert durch das Gel wandert, können denaturierte, d. h. aufgespaltene Stränge, nicht mehr weiterwandern und bilden eine Bande. GC-reiche Fragmente sind stabiler und wandern daher weiter im Gel als GC-arme Fragmente. So entsteht ein der Bakterienflora im Boden entsprechendes Bandenmuster. Das Gel wurde fotografiert und mit dem *Image Master 2D* digitalisiert.

Eine Bande (Position *40*), deren Intensität von der PEITC-Konzentration in der Rhizosphäre abhängig war, wurde ausgeschnitten, die DNS reisoliert, amplifiziert und auf ein Gel mit engerem Gradienten (35...45 %) aufgetragen. Die DGGE und der *Biolog-Ecoplates* Daten wurden mit der *RDA* (*ReDundancy Analysis*), einer auf einem linearen Modell beruhenden multivariaten Analyse statistisch ausgewertet (*Canoco for Windows 4*).

Ergebnisse

32 Tage nach der Aussaat blühte ‚Monty' bereits, ‚Rainbow' dagegen noch nicht. Beide Sorten unterschieden sich nicht in ihrer Trockenmasse (Tab. 1). Die Bodenfeuchte war bei der unbepflanzten Blindprobe am höchsten, bei ‚Monty' am niedrigsten (Tab. 1). Der PEITC Gehalt im Rhizosphärenboden war bei ‚Rainbow' tendenziell höher als bei ‚Monty' (Tab. 1).

Tab. 1. Sproßtrockenmasse pro Pflanze [mg], Bodenfeuchte [%] und PEITC-Gehalt im Boden [ng/g] der Sorten ‚Monty' und ‚Rainbow' sowie einer unbepflanzen Blindprobe nach 32 Tagen Kultur. Mittelwerte von sechs Wiederholungen ± Standardabweichung.

	‚Monty'	‚Rainbow'	Kontrolle
Sproßtrockenmasse [mg/Pflanze]	776 ± 87	704 ± 200	—
Bodenfeuchte [%]	7,8 ± 1,5	12,3 ± 3,7	22,5
PEITC-Gehalt im Boden [ng/g]	272 ± 201	472 ± 229	0

Mit einer *RDA*-Analyse wurden die Daten der *Biolog-Ecoplates* auf die in Tab. 1 gezeigten Daten bezogen. Das Substratnutzungsmuster aller Proben war von der Bodenfeuchte abhängig, die 24,1 % aller auftretenden Unterschiede erklärte. Dabei wurde mit steigender Bodenfeuchte lediglich die Nutzung von 2-Hydroxybenzoesäure gefördert, die Nutzung aller anderen getesteten Substrate nahm mit steigender Bodenfeuchte ab oder blieb unbeeinflußt. Dagegen war kein Einfluß von Sorte, Sproßtrockenmasse oder PEITC-Konzentration im Boden nachzuweisen. Wurden die Sorten einzeln betrachtet, war nur bei ‚Monty' ein starker Einfluß der PEITC-Konzentration in der Rhizosphäre erkennbar (38,4 % Erklärung der Unterschiede). Dabei wurden nur negative Korrelationen der Substratnutzung mit dem PEITC-Gehalt im Boden beobachtet.

Ein Vergleich der DGGE-Bandenmuster der beiden Sorten zeigte keine Unterschiede der Rhizosphärenmikroflora. Wurden jedoch die Sorten einzeln analysiert, hatte die PEITC-Konzentration einen signifikanten Einfluß auf die Zusammensetzung der Rhizosphärenmikroflora (38,8 % der Varianzerklärung bei ‚Monty', 40,4 % bei ‚Rainbow'). Dagegen hatten bei allen Analysen weder Bodenfeuchte noch Pflanzentrockenmasse einen signifikanten Einfluß auf die bakterielle Rhizosphärenmikroflora.

Bei einer genaueren Betrachtung der Bandenmuster zeigte sich, daß die Intensität mancher Banden, u. a. der in Position *40*, bei ‚Monty' mit steigender PEITC-Konzentration sank, bei ‚Rainbow' dagegen stieg (Abb. 1). Im 35...45-%-Gel ließ sich diese Einzelbande in zehn Banden auftrennen. Die resultierende Bandenmuster war bei beiden Rapssorten unterschiedlich, wurde aber auch von der Bodenfeuchte beeinflußt (je 23 % Erklärung der Unterschiede).

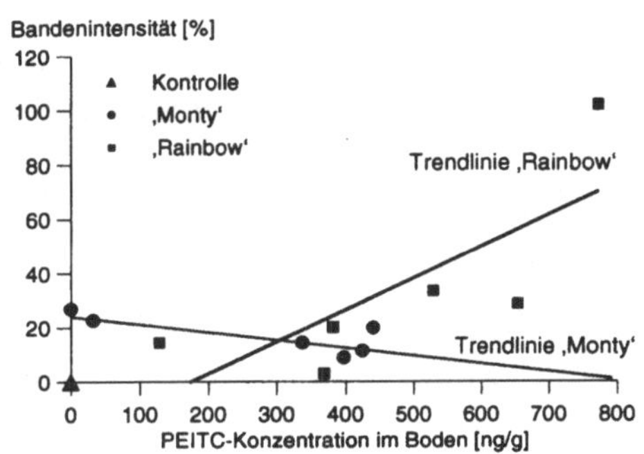

Abb. 1. Intensität [%] der mittleren Bandenintensität der Bande in Position *40* in Abhängigkeit von der PEITC-Konzentration des Rhizosphärenbodens [ng/g] der Sorten ‚Monty' und ‚Rainbow' sowie einer unbepflanzten Kontrolle nach 32 Tagen Kultur.

Diskussion

Die Ergebnisse zeigen einen starken Einfluß des sekundären Pflanzenstoffes PEITC und der Bodenfeuchte auf die Zusammensetzung der bakteriellen Rhizosphärenmikroflora bei Raps. Der starke Einfluß der Bodenfeuchte auf das Substratnutzungsmuster sowie die Abnahme der Substratnutzung bei den meisten Substraten mit zunehmender Bodenfeuchte entspricht den Ergebnissen von Bossio und Scow (1995). Dagegen hatte die Sorte keinen Einfluß auf das Substratnutzungsmuster. Graystone *et al.* (1998) führen Unterschiede im Substratnutzungsmuster von

Rhizosphärenbakterien verschiedener Pflanzenarten auf Unterschiede in der Rhizodeposition zurück. Demnach könnte das Fehlen sortenbedingter Unterschiede des Substratnutzungsmusters in dem hier vorgestellten Versuch ein Hinweis darauf sein, daß in der Rhizosphäre beider Rapssorten ein verhältnismäßig ähnliches Substratangebot vorliegt.

Das DGGE-Bandenmuster aller Proben gemeinsam ließ sich durch keinen der überprüften Umweltparameter erklären. Das DGGE-Bandenmuster jeder Sorte für sich aber war stark abhängig von der PEITC-Konzentration in der Rhizosphäre. Dabei verhielt sich die Intensität mancher Banden, z. B. der in Position *40*, im Verhältnis zur PEITC-Konzentration bei ‚Monty‘ genau umgekehrt wie bei ‚Rainbow‘. Bei weiten Gradienten, die für die Analyse gesamter Mikrofloren verwendet werden, können einzelne Banden mehrere Spezies enthalten, die sich im GC-Gehalt der hochvariablen Region nur geringfügig unterscheiden (GELSOMINO *et al.* 1999). Das legte die Vermutung nahe, daß diese Banden bei beiden Sorten unterschiedliche Spezies enthielt. Diese Vermutung wurde durch die erneute DGGE der DNS der Bande an Position *40* mit einem engeren Gradienten bestätigt. Demnach treten einige Bakterienspezies der Rhizosphärenmirkoflora bei Raps sortenabhängig auf.

Die Rhizosphärenmikroflora von ‚Monty‘ und ‚Rainbow‘ unterschied sich in ihrer Empfindlichkeit gegenüber dem PEITC im Wurzelraum. Die negative Korrelation zwischen PEITC-Konzentration im Boden und der Substratnutzung bei ‚Monty‘ zeigt, daß die in der Rhizosphäre von ‚Monty‘ angesiedelten Bakterien vom PEITC in der Rhizosphäre beeinträchtigt wurden. Bei ‚Rainbow‘ nahm die Intensität der Bande in Position *40* mit steigender PEITC-Konzentration zu. Das könnte darauf zurückzuführen sein sein, daß sich mit Zunahme des PEITC-Konzentration PEITC-tolerante Spezies durchsetzen können. Daß es zu einer solchen Selektion kommen kann, zeigten Untersuchungen von O'CALLAGHAN *et al.* (2000). Sie wiesen nach, daß die Nebenwurzelansätze von Sämlingen glucosinolatreicher Rapssorten von *Azorrhizobium caulonidans* kaum besiedelt werden konnten, während die Nebenwurzelansätze glucosinolatarmer Sorten schnell besiedelt wurden.

Ein Vergleich der Methoden zeigt, daß die DGGE als kulturunabhängige Methode eher geeignet ist, Unterschiede in der Zusammensetzung der Rhizosphärenmikroflora zu detektieren. Die Substratnutzungsanalyse dagegen gibt Aufschluß über den aktuellen physiologischen Status eines Teils der Rhizosphärenmikroflora. Daher erscheint bei der Substratnutzungsanalyse eine sehr starke Abhängigkeit von der Bodenfeuchte, die jedoch das Artenspektrum kaum beeinflußt.

Die Ergebnisse des vorgestellten Versuches lassen vermuten, daß bei Raps der Glucosinolatgehalt und vor allem die effektiv freigesetzte Menge an PEITC die Rhizospärenflora entscheidend mitprägt. Dabei kommt es bereits während des Wachstums von Raps zu einer Veränderung der Rhizosphärenmikroflora.

Danksagung

Diese Arbeit wurde von der Deutschen Forschungsgemeinschaft unterstützt. J. Kirkegaard hat freundlicherweise das verwendete Saatgut zur Verfügung gestellt. Diese Arbeit ist Teil meines Promotionsvorhabens bei Prof. Dr. Reinhard Lieberei am Fachbereich Biologie der Universität Hamburg.

Literaturverzeichnis

BONES, A. M.; ROSSITER, J. T., 1996: The myrosinase-glucosinolate system, its organisation and biochemistry. *Physiologia Plantarum* **97**, 194–208.

BOSSIO, D. A.; SCOW, K. M., 1995: Impact of carbon and flooding on the metabolic diversity of microbial communities in soils. *Applied and Environmental Microbiology* **61**, 4043–4050.

BROWN, P. D.; MORRA, M. J., 1997: Control of soil-borne plant pests using glucosinolate-containing plants. *Advances in Agronomy* **61**, 167–231.

GELSOMINO, A.; KEIJZER-WOLTERS, A. C.; CACCO, G.; VAN ELSAS , J. D., 1999: Assessment of bacterial community structure in soil by polymerase chain reaction and denaturing gradient gel electrophoresis. *Journal of Microbiological Methods* **38**, 1–15.

GRAYSTONE, S. J.; WANG, S.; CAMPBELL, C. D.; EDWARDS, A. C., 1998: Selective influence of plant species on microbial diversity in the rhizosphere. *Soil Biology and Biochemistry* **30**, 369–378.

HEUER, H.; KRSEK, M.; BAKER, P.; SMALLA, K.; WELLINGTON, E. M. H., 1997: Analysis of actinomycete communities by specific amplification of genes encoding 16S rRNA and gel-electrophoretic separation in denaturing gradients. *Applied and Environmental Microbiology* **63**, 3223–3241.

KIRKEGAARD, J. A.; SARWAR, M.; WONG, P. T. W.; MEAD, A., 1998: Biofumigation by brassicas reduces take-all infection. *Proceedings of the 9th Australian Agronomy Conference*. Wagga Wagga, 465–468.

KIRKEGAARD, J. A.; SARWAR, M., 1999: Glucosinolate profiles of Australian canola (*Brassica napus annua* L.) and Indian mustard (*Brassica juncea* L.) cultivars: implications for biofumigation. *Australian Journal of Agricultural Research* **50**, 315–324.

O'CALLAGHAN, K. J.; STONE, P. J.; HU, X.; GRIFFITH, D. W.; DAVEY, M. R.; COCKING, E. C., 2000: Effects of glucosinolates and flavonoids on colonization of the roots of *Brassica napus* by *Azorhizobium caulinodans* ORS571. *Applied and Environmental Microbiology* **66**, 2185–2191.

SARWAR, M.; KIRKEGAARD, J. A., 1998: Biofumigation potential of brassicas. II. Effect of the enviroment and ontogeny on glucosinolate production and implications for screening. *Plant and Soil* **201**, 91–101.

Physiologie und Funktion von Pflanzenwurzeln. 11. Borkheider Seminar zur Ökophysiologie des Wurzelraumes
Hrsg.: W. Merbach, L. Wittenmayer, J. Augustin
B. G. Teubner — Stuttgart · Leipzig · Wiesbaden (2001), S. 53–58

Mikrobiologische Assimilation von anorganischem Stickstoff in der Rhizosphäre

Ardian MAÇI und Konrad MENGEL
Institut für Pflanzenernährung der Justus-Liebig-Universität, Südanlage 6,
D-35390 Gießen

Abstract

The objective of the investigation was to study the relationship between EUF (Electro Ultra Filtration) extractable N, EUF extractable carbon and interlayer NH_4^+ on net N mineralization and N uptake of ryegrass (*Lolium multiflorum* cv. 'Aubade') cultivated in Mitscherlich pots on 20 different arable soils. Grass of the first harvest (first cut) exclusively fed from nitrate and N uptake of the first cut was significantly correlated with the EUF extracted nitrate in the soil at seeding ($r = 0,96^{***}$). In average from this nitrate about half was taken up by the grass and half was assimilated (immobilized) by soil microorganisms. This immobilized N was correlated with the organic C extracted by EUF at seeding ($r = 0,50^*$). The grass of the second and third harvest exclusively drew N from the organic soil N pool and N uptake of grass was correlated with EUF N_{org} ($r = 0,66^{**}$, second cut and $r = 0,55^*$, third cut). Interlayer ammonium significantly decreased during the growth period, but this decrease was not correlated with the N uptake of the grass. The experiment shows that the N sources for grass differed during the experimental period with high nitrate concentrations at the beginning of the growth period causing N immobilization and later plants feeding from organic N. From the results it is concluded that the microbial assimilation (immobilization) of inorganic N depends on the presence of inorganic N, mainly nitrate, and on the supply of microbes with metabolizable organic carbon predominantly provided by plant roots. Therefore it is suggested that the nitrate immobilization mainly occurs in the rhizosphere.

Einleitung

Für eine effiziente Anwendung der Stickstoffdüngung ist das Potential der Netto-N-Mineralisation im Boden ein sehr wichtiger Faktor, der bei der Abschätzung der N-Düngermenge berücksichtigt werden sollte. Die Netto-N-Mineralisation ergibt sich aus der Differenz zwischen dem Potential des mineralisierbaren N und dem Potential für die Immobilisierung des mineralischen N.

Viele Untersuchungen sind zur Bestimmung des Potentials der Stickstoffmineralisation im Boden durchgeführt worden. Für die landwirtschaftliche Praxis gewannen in den letzten Jahren die Elektro-Ultrafiltrationsmethode (EUF) nach NEMETH *et al.* (1979) und die $CaCl_2$-Methode nach HOUBA *et al.* (1986) als Extraktionsmethoden an Bedeutung. MENGEL *et al.* (1999) fanden im Gefäßversuch mit Weidelgras, daß die Mengen an nettomineralisiertem N für den gleichen Boden sehr unterschiedlich sein können und beachtlich davon abhängen, ob der Boden unbewachsen oder bewachsen ist. Die Netto-N-Mineralisation war viel höher in den unbewachsenen Böden als in den bewachsenen. Die Autoren schlossen aus ihren Ergebnissen ab, daß die N-Immobilisierung abhängig vom Nitrat und von dem verfügbaren organischen Kohlenstoff ist, der in den bewachsenen Böden hauptsächlich auf die Wurzelausscheidung von organischem C zurückgehen dürfte. Deshalb wurde in der vorliegenden Arbeit untersucht, ob der mittels EUF extrahierte organische Kohlenstoff mit der Immobilisation von Nitrat zusammenhängt. Außerdem wurden die Beziehungen zwischen dem EUF extrahierten N (mineralischen N, organischen N = N_{org}) und der N-Aufnahme des Grases untersucht. In den Untersuchungen wurde auch das nicht austauschbare Ammonium (Zwischenschicht-NH_4^+ der Tonminerale) eingeschlossen, weil es im Laufe einer Vegetationsperiode von der Pflanze genutzt werden kann (SCHERER 1993).

Material und Methoden

Von April bis Oktober 1998 wurde mit zwanzig Böden ein Gefäßversuch durchgeführt. Es handelte sich um den Oberboden verschiedener Bodentypen. Einige wesentliche Bodeneigenschaften sind in Tab. 1 dargelegt. Auf den Böden wurde Welsches Weidelgras (*Lolium multiflorum* cv. ‚Aubade‘) kultiviert. Vor der Aussaat wurden die Böden auf 100 mg P, 200 mg K und 50 mg Mg/kg Boden aufgedüngt. Die N-Sollmenge in allen Böden sollte > 20 mg N/kg Boden betragen. Nur Boden 19 (Sandboden) mußte auf die N-Sollmenge aufgedüngt werden. Die Böden wurden bei 60 % der maximalen Wasserkapazität 14 Tage inkubiert. Über den Verlauf der Versuchsperiode wurden den Böden zu fünf Terminen (T_0, T_{48}, T_{76}, T_{106}, T_{155}) Proben entnommen und auf ihre Gehalte an EUF-N und EUF-C_{org} am Autoanalyser (Fa. *Technicon*) analysiert (MENGEL *et al.* 1999). Zu Versuchsbeginn und zu Versuchsende wurden die Bodenproben auf ihre Gehalte an Zwischenschicht-NH_4^+ untersucht (SILVA und BREMNER 1966). Zur Erfassung der mineralisierten Stickstoffmenge wurde der N-Entzug durch die Pflanzen (drei Schnitte: T_{76}, T_{106}, T_{155}) ermittelt und für die Berechnung der Netto-N-Mineralisation mitberücksichtigt. Die Pflanzen (80 °C getrocknet) wurden auf Gesamt-N mittels eines *Makro-N* (Fa. *Foss-Heraeus*) analysiert. Die Wurzeln wurden zu Versuchsende sorgfältig mit destilliertem Wasser ausgewaschen. Wurzel-N und N in der oberirdischen Pflanzenmasse wurde getrennt analysiert. Saatgut-N wurde ebenfalls berücksichtigt.

Tab. 1. Mittelwerte und Variationsbreite der Bodencharakteristika sowie des EUF-extrahierten N und C am Anfang des Experimentes (5. Mai 1998).

Bodencharakteristika	Mittelwerte	Variationsbreite
pH ($CaCl_2$-Lösung)	7,4	6,9...7,8
Sand [g/kg]	146	29...864
Schluff [g/kg]	669	90...857
Ton [g/kg]	185	45...258
Gesamt-C [g/kg]	10,7	5,4...17,9
Gesamt-N [g/kg]	1,0	0,4...1,4
C/N-Verhältnis	10,6	8,6...13,9
EUF-extrahiertes NH_4^+ [mg/kg]	1,8	1,2...3,1
EUF-extrahiertes NO_3^- [mg/kg]	27,9	9,0...64,4
EUF-N_{org} [mg/kg]	17,9	12,4...24,4
EUF-C_{org} [mg/kg]	304,2	167,6...544,7

Die Netto-N-Mineralisation wurde wie folgt berechnet:

$$\text{Netto-Nmin} = [(\text{N-Pflanze})^* + (N_{min}) + (\text{Fix.-}NH_4^+\text{-N})]_{Ende} - [(\text{N-Düngung}) + (N_{min})$$
$$+ (\text{Fix.-}NH_4^+\text{-N})]_{Anfang}$$
$$\text{N-Pflanze}^* = N(\text{Sproß}) + N(\text{Wurzel}) - N(\text{Saatgut})$$
$$N_{min} = \text{EUF-}NO_3^- + \text{EUF-}NH_4^+$$
$$\text{Fix.-}NH_4^+ = \text{Zwischenschicht-}NH_4^+$$

Die statistische Auswertung der vorliegenden Arbeit wurde nach KÖHLER *et al.* (1984) vorgenommen.

Ergebnisse und Diskussion

Es lagen im wesentlichen zwei Pools an Bodenstickstoff vor, aus denen die Pflanzen den N entnahmen: Nitrat und organischer N (Abb. 1). Vom Tag null bis zur Aussaat (T_{48}) wurde eine signifikante Steigerung an EUF-extrahierbarem Nitrat festgestellt, gefolgt von einem steilen Abfall während der Wachstumsperiode des Grases bis zum ersten Schnitt (T_{76}).

Die N-Aufnahme der Pflanzen zum ersten Schnitt korrelierte sehr eng mit der Nitrat-Konzentration im Boden zur Aussaat ($r = 0{,}96^{***}$), d. h., daß das Gras des ersten Schnittes praktisch nur vom Nitrat ernährt wurde. Auffallend ist, daß der Nitratabfall von der Aussaat bis zum ersten Schnitt etwa doppel so hoch war wie die N-Aufnahme des ersten Schnittes. Der Befund zeigt somit, daß auch eine Nitrat-Immobilisierung während dieser Periode erfolgte. Diese Immobilisierung, die aus der Differenz zwischen Nitratabnahme bis zum ersten Schnitt

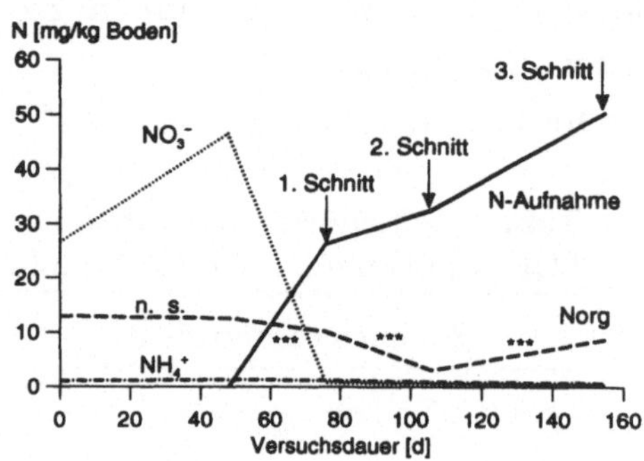

Abb. 1. Mittlere Gehalte an EUF-N der 20 °C- und 80 °C-Fraktion und N-Aufnahme der Pflanzen während der Versuchsdauer (mg N/kg Boden).

und N-Aufnahme des Grases errechnet wurde, korrelierte schwach mit EUF-C$_{org}$ ($r = 0{,}50^*$), d. h., daß die N-Immobilisierung (mikrobiologische N-Assimilation) von der Menge an Nitrat und verfügbarem organischen Kohlenstoff abhängig ist. Da in der ersten unbewachsenen Phase keine apparente N-Immobilisierung erfolgte, darf zu Recht gefolgert werden, daß die Mikroorganismen zur N-Immobilisierung hauptsächlich den von der Wurzel stammenden organischen C nutzten. Demnach dürfte die Immobilisierung hauptsächlich in der Rhizosphäre erfolgt sein.

Zum ersten Schnitt waren NH$_4^+$- und NO$_3^-$-Konzentrationen im Boden sehr niedrig und blieben auf diesem niedrigen Niveau bis zum Versuchsende (T$_{155}$). Deshalb war praktisch N$_{org}$ die N-Quelle für das Gras zum zweiten und dritten Schnitt. Signifikante Korrelationen wurden zwischen EUF-N$_{org}$ und N-Aufnahme der Pflanzen zum zweiten und dritten Schnitt gefunden (bzw. $r = 66^{**}$ bzw. $r = 0{,}55^*$). In dieser Phase dürfte der mineralisierte N des N$_{org}$-Pools sofort von den Wurzeln in Form von NH$_4^+$ und nicht als NO$_3^-$ aufgenommen worden sein, zumal NH$_4^+$ gegenüber NO$_3^-$ bevorzugt aufgenommen wird (Rroço und Mengel 2000). Eine apparente N-Immobilisierung erfolgte in dieser Phase nicht, da die NH$_4^+$- und NO$_3^-$-Konzentrationen im Boden in dieser Phase praktisch bei null lagen (Abb. 1). Signifikante Veränderungen von N$_{org}$ wurden von der Aussaat (T$_{48}$) bis zum dritten Schnitt (T$_{155}$) gefunden, zuerst ein Abfall dann eine Steigerung. Vermutlich gehört der extrahierte EUF-N$_{org}$ einem Pool an, der durch Influx und Efflux von organischem N im Boden charakterisiert ist (Appel und Xu 1995, Mengel et al. 1999).

Der Befund, daß bei der ersten Phase des Graswachstums das Nitrat und später der organische Stickstoff die wichtigsten N-Quellen für die N-Aufnahme der

Pflanzen waren, dürfte auch für die Bedingungen im Freiland gelten. GUTSER und TEICHER (1976) fanden in Feldversuchen mit Winterweizen, daß Nitrat und Ammonium im Frühling nach der N-Düngung die Haupt-N-Quellen sind. Diese waren aber mit Beginn der Schoßphase weitgehend erschöpft. Falls keine weitere N-Düngung erfolgt, nimmt dann die Pflanze hauptsächlich den benötigen N aus dem N_{org}-Pool auf, zumal in dieser späteren Phase auch günstige Bedingungen, wie erhöhte Temperatur, die Mineralisierung des organischen Sickstoffs begünstigen. Diese Situation wird auch beim Gießener Modell zur Abschätzung der N-Düngung bei Getreide berücksichtigt (BAREKZAI et al. 1992). Hier wird EUF-Nitrat für die Berechnung der ersten N-Gabe und EUF-N_{org} für die zweite und dritte N-Gabe berücksichtigt.

Die nach o. a. Formel berechnete Netto-N-Mineralisierung korrelierte nicht mit dem EUF-N_{org}. Diese mangelnde Korrelation ist dadurch bedingt, daß die Varianz für die N-Aufnahme der Pflanze und auch die des Nitrats im Boden in der ersten Phase des Versuches für die Netto-N-Mineralisation die dominierenden Faktoren waren. Für die zweite Phase des Versuches waren aber die Korrelationen zwischen EUF-Norg vs. N-Aufnahme signifikant.

In den eigenen Untersuchungen wurde zum ersten Mal auch das nicht austauschbare Ammonium in der Formel zur Berechnung der Netto-N-Mineralisation einbezogen. Es wurde auch hier aus o. a. Gründen keine signifikante Beziehung der Netto-N-Mineralisation vs. Fix.-NH_4^+ gefunden. Das Fix.-NH_4^+ korrelierte auch nicht mit der Gesamt-N-Aufnahme der Pflanze. Es nahm aber signifikant (P < 0,001) von der Aussaat bis zum Ende des Versuches ab. Es trug wahrscheinlich geringfügig mit etwa 7 % zur Gesamt-N-Aufnahme der Pflanze bei.

Auf Grund der signifikanten Korrelationen zwischen den EUF-N-Fraktionen zu Versuchsbeginn und der kumulativen N-Aufnahme der Pflanzen dürften NH_4^+ ($r = 0,711***$), NO_3^- ($r = 0,882***$) sowie N_{org} ($r = 0,734***$) die N-Verfügbarkeit indizieren.

Aus den Ergebnissen vorliegender Untersuchungen wird geschlossen, daß die mikrobiologische Assimilation des anorganischen Stickstoffs im Boden von der Anwesenheit des anorganischen N, hauptsächlich Nitrat, und von der Versorgung der Mikroorganismen mit verfügbarem organischen Kohlenstoff abhängig ist. Der EUF extrahierbare organische N und der organische C sind zuverlässige Indikatoren für die Abschätzung der Netto-N-Mineralisation im Boden.

Literaturverzeichnis

APPEL, T.; XU, F., 1995: Extractability of ^{15}N labelled plant residues in soil by electroultrafiltration. *Soil Biology and Biochemistry* **27**, 1393-1399.

BAREKZAI, A.; STEFFENS, D.; BOHRING, J.; ENGELS, T., 1992: Prinzip und Überprüfung des „Gießener Modells" zur N-Düngeempfehlung bei Wintergetreide mit Hilfe der EUF-Methode. *Agribiological Research* **45**, 65-76.

GUTSER, R.; TEICHER, K., 1976: Veränderungen des löslichen Stickstoffs einer Acker-braunerde unter Winterweizen im Jahresverlauf. *Bayrisches Landwirtschaftliches Jahrbuch* **53**, 215-226.

HOUBA, J. G.; NOVOZAMSKY, I.; HUYBREGTS, A. W. M.; VAN DER LEE, J. J., 1986: Comparison of soil extractions by 0.01 M $CaCl_2$, by EUF and by some conventional procedures. *Plant and Soil* **96**, 433-437.

KÖHLER, W.; SCHACHTEL, G.; GOLESKE, P., 1984: *Biostatistik. Einführung in die Statistik für Biologen und Agrarwissenschaftler.* — 2. Auflage, Berlin: Springer.

MENGEL, K.; SCHNEIDER, B.; KOSEGARTEN, H., 1999: Nitrogen compounds extracted by electroultrafiltration (EUF) or $CaCl_2$ solution and their relationship to nitrogen mineralization in soils. *Journal of Plant Nutrition and Soil Science* **162**, 139-148.

NEMETH, K.; MAKHDUM, I. Q.; KOCH, K.; BERINGER, H., 1979: Determination of categories of soil nitrogen by electro-ultrafiltration (EUF). *Plant and Soil* **53**, 445-453.

RROÇO, E.; MENGEL, K., 2000: Nitrogen losses from entire plants of spring wheat (*Triticum aestivum*) from tillering to maturation. *European Journal of Agronomy* **13**, 101-110.

SCHERER, H. W., 1993: Dynamics and availability of the non-exchangeable NH_4^+-N: a review. *European Journal of Agronomy* **2**, 149-160.

SILVA, J. A.; BREMNER, J. M., 1966: Determination of isotope-ratio analysis of different forms of nitrogen in soils: 5. Fixed ammonium. *Soil Science Society of America Proceedings* **30**, 587-594.

Physiologie und Funktion von Pflanzenwurzeln. 11. Borkheider Seminar zur Ökophysiologie des Wurzelraumes
Hrsg.: W. Merbach, L. Wittenmayer, J. Augustin
B. G. Teubner — Stuttgart · Leipzig · Wiesbaden (2001), S. 59–63

Effect of mycorrhizal colonisation on drought stress effects and phosphorus uptake from dry soil in two cowpea cultivars and *Sorghum bicolor*

Elke NEUMANN[*] and Eckhard GEORGE[‡]

*Institute of Plant Nutrition (330) Hohenheim University; D-79593 Stuttgart, Germany;[‡] Institute of Vegetable and Ornamental Crops (IGZ); D-14979 Großbeeren, Germany

Abstract

To investigate the influence of mycorrhizal colonisation on drought-stress effects, two cultivars of *Vigna unguiculata* (cowpea) were cultivated either with or without mycorrhizal infection. Drought stress was induced by lowering soil water content. After a drought stress period of approximately three weeks, drought stressed plants were harvested or rewatered and maintained under optimal water supply for three more weeks. Control plants were well supplied with water at all time. In an additional experiment, the ability of mycorrhizal roots and hyphae to supply plants with phosphorus from dry soil was investigated in a split-root experiment. In the first experiment showed, that mycorrhizal infection did not affect plant water uptake from dry soil. However mycorrhizal infection enhanced the ability of plants to recover from drought stress, probably mediated by a better phosphorus (P) nutrition. The P uptake from dry soil was distinctively enhanced in mycorrhizal roots compared to nonmycorrhizal roots in the split-root experiment.

Introduction

Due to their ability to enhance nutrient uptake (predominantly that of P) and thus to promote plant growth, arbuscular mycorrhizal fungi have often been suggested as a means to improve agricultural production especially in developing countries where nutrient-poor soils are widespread and mineral fertilizers are relatively expensive (e. g. SIEVERDING 1991). However infertility of soils, especially in subtropical regions, can not always be referred to their lack in nutrients alone. In many cases plant production is limited by dryness of the soil, which may induce a low nutrient availability or lead to direct water deficiency.

The contribution of mycorrhizal fungi to plant growth under drought conditions has been discussed controversially by various authors. Some found a direct contribution of mycorrhizal hyphae to plant water uptake from dry soil (e. g. FABER *et al.* 1991, READ 1992). Others described that nutrient (especially P) uptake from dry soil may be enhanced by mycorrhizal hyphae and this leads to a better nutrient status of mycorrhizal plants (e. g. KWAPATA and HALL 1985; AL-KARAKI and CLARK 1998).

The two experiments described below were carried out to investigate the mycorrhizal contribution to plant growth under dry conditions and to determine, whether the fungal contribution to water uptake or to P acquisition of mycorrhizal plants from dry soil is more important.

Materials and Methods

In the first experiment, two cultivars of *Vigna unguiculata* (cowpea), 'Epace 10' with determinate and 'Carioca' with indeterminate growth, were cultivated either with or without colonisation by a mix of mycorrhizal fungi (*Glomus mossae* and *G. intraradices*) in the greenhouse, using pots filled with 1800 g of fertilized (50 mg/kg P; 200 mg/kg N; 200 mg/kg K; adequate amounts of other nutrients) mineral soil at a bulk density of 1.3 g/cm^3.

When plants began to flower, drought stress was induced by lowering gravimetric soil water content (ω) from about 18 % w/w to about 10 % w/w. After a period of approximately three weeks, drought stressed plants were harvested or rewatered and maintained at 18 % w/w for three more weeks. Control plants were well supplied with water (ω = 18 % w/w) at all times.

In the second experiment, the ability of mycorrhizal roots and hyphae to supply plants with P from dry soil was investigated in a split-root experiment following a technique described by SEIFFERT *et al.* (1995). Nonmycorrhizal or mycorrhizal (*Glomus mossae*) *Sorghum bicolor* plants were grown in a soil well supplied with nutrients (90 mg/kg P; 180 mg/kg N; 200 mg/kg K; adequate amounts of other nutrients), at a bulk density of 1.3 g/cm^3, using pots with a perforated bottom. These pots were placed on top of containers with *Seramis* substrate and nutrient solution. This nutrient solution had adequate concentrations of nutrients but contained no P. After the roots had grown into the solution, the upper soil compartment was maintained well watered (ω = 18 % w/w) or was kept at a low soil water content (ω = 8 % w/w) for a period of approximately four weeks before harvest. In both experiments there was one plant per pot. The cowpea experiment was run with four replications per treatment. In the splitroot experiment each drought-stress treatment was run with five replications, while the controls consisted of four replications only. The soil water content was measured and controlled by *Time Domain Reflectometry* (TDR). Daily transpiration was measured gravimetrically. After harvest, the plant material was dried at 65 °C to measure dry weight. Roots were washed from soil or *Seramis* substrate. P content was analysed colorimetrically (GERICKE and KURMIES 1952).

Results and Discussion

In Figures 1 and 2, the mean values of daily transpired amounts of water per plant (in ml) on an average of three days are set as 100 percent for treatments without mycorrhiza. The curves show the relative values for mycorrhizal plants of the rewatered treatment (*RW*) and the controls (+*W*).

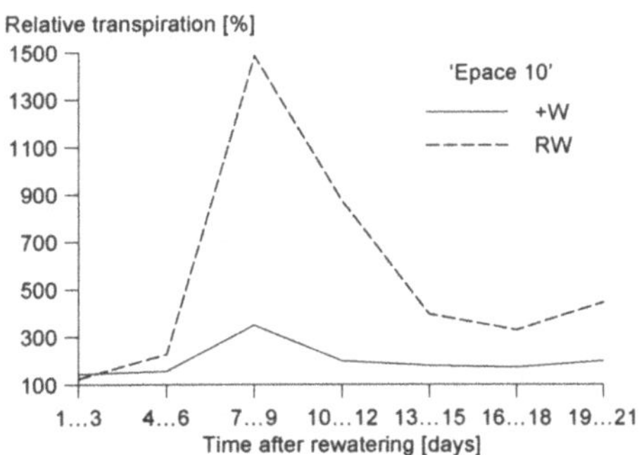

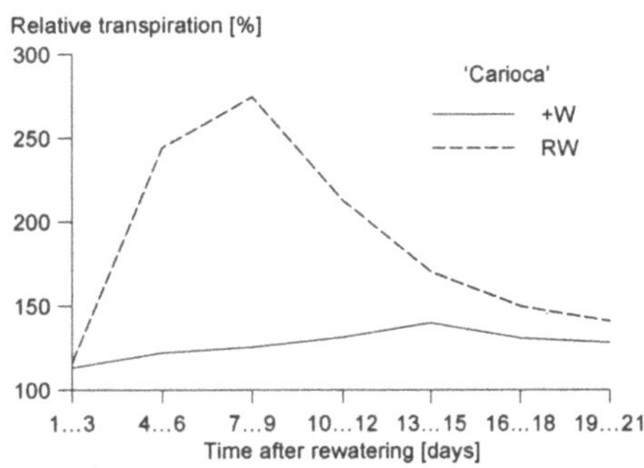

Figure 1. Transpiration of cowpea plants (cultivar 'Epace 10') with mycorrhizal infection in relation to those without infection in the period of rewatering after drought-stress.

Figure 2. Transpiration of cowpea plants (cultivar 'Carioca') with mycorrhizal infection in relation to those without infection in the period of rewatering after drought-stress.

In both cowpea cultivars, the whole plant transpiration rates decreased in response to drought stress, with no significant difference in rates between nonmycorrhizal and mycorrhizal plants at most measurement intervals. The average gravimetric soil water content did not differ between mycorrhizal and non mycorrhizal cowpea plants during the drought stress period. Thus, mycorrhizal infection did not consistently enhance the water uptake from dry soil. In contrast, the increase in transpiration of the stressed plants after rewetting of the soil was significantly larger in mycorrhizal than in nonmycorrhizal cowpea plants for both cultivars (Figures 1 and 2). The better recovery of mycorrhizal plants was related to a loss of leaves in nonmycorrhizal plants at the end of the drought stress period or immediately after rewatering. This leaf loss did not occur in mycorrhizal plants (see Table 1).

Table 1. Average loss of leaves per plant of the rewatered plants in percent of the whole leaf dry mass five days after rewatering. +M: mycorrhizal, -M: nonmycorrhizal plants.

Cultivar	Treatment	Loss of leaf dry matter [%]
'Epace 10'	-M	64.59
	+M	7.33
'Carioca'	-M	28.69
	+M	9.82

Table 2. Average number of days after rewatering (DAR) until the stressed plants reached transpiration rates of the controls. +M: mycorrhizal, -M: nonmycorrhizal plants.

Cultivar	Treatment	DAR
'Epace 10' (determinate growth)	-M	no recovery
	+M	6
'Carioca' (indeterminate growth)	-M	11
	+M	2

The nonmycorrhizal plants of the determinate cultivar 'Epace 10' were not able to recover from drought stress, probably because no intact vegetation points remained after drought. In contrast, the nonmycorrhizal plants of the indeterminate cultivar 'Carioca' recovered but whole plant transpiration rates recovered to the levels of the controls much later than in the mycorrhizal plants of the same cultivar (see Table 2).

In the split-root experiment with sorghum, the well watered treatments did not show any significant difference between nonmycorrhizal and mycorrhizal plants concerning P content and dry matter production. Thus, both nonmycorrhizal and mycorrhizal roots were able to take up P in sufficient amounts from the well watered and fertilized soil. In contrast, under drought stress (in the upper root compartment) mycorrhizal plants took up approximately twice as much P than nonmycorrhizal plants (Figure 3) and produced about 40 percent more biomass per plant (Figure 4). This clearly demonstrated the importance of the mycorrhizal fungus in P uptake from well fertilized, but dry soil.

In conclusion, mycorrhizal infection did not clearly affect the ability of plants to acquire water from dry soil. In contrast, mycorrhizal infection improved P uptake under dry soil conditions. Plants were not able to profit from better P nutrition due to mycorrhizal infection as long as water deficiency was growth limiting. When drought stress is temporarily limited or does affect only one part of the root system (as simulated in the split-root experiment), the better P uptake from dry soil via mycorrhizal hyphae leads to better growth and higher yields of mycorrhizal plants. These conclusions should be tested in further experiments using different mycorrhizal isolates.

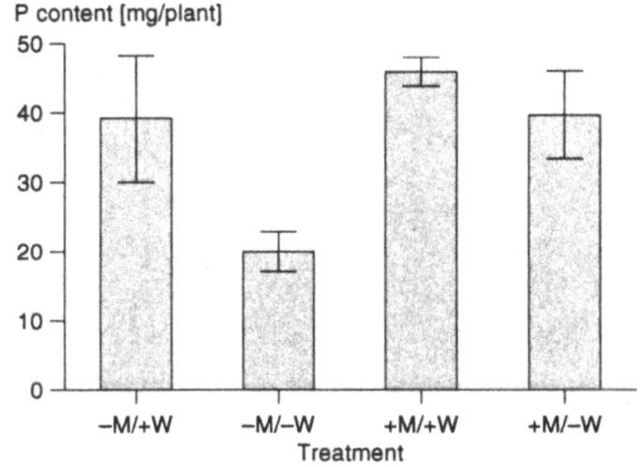

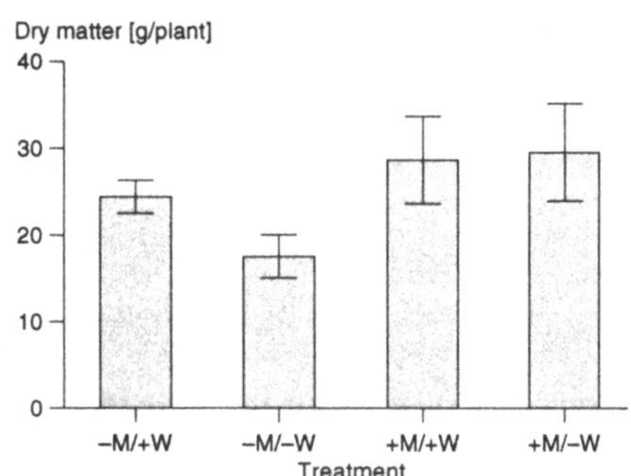

Figure 3. P content of whole sorghum plants in mg/plant. The error bars show the standard deviation.

Figure 4. Dry matter in gram per sorghum plant. The error bars show the standard deviation.

Treatment abbreviations: -M = Nonmycorrhizal, +M = Mycorrhizal, +W = ω at 18 % w/w in the soil compartment, -W = ω at 8 % w/w in the soil compartment.

References

AL-KARAKI, G. N.; CLARK, R. B., 1998: Growth, mineral acquisition, and water use by mycorrhizal wheat grown under water stress. *Journal of Plant Nutrition* **21**, 263-276.

FABER, B. A.; ZASOSKI, R. J.; MUNNS, D. N., 1991: A method for measuring hyphal nutrient and water uptake in mycorrhizal plants. *Canadian Journal of Botany* **69**, 87-94.

GERICKE, S.; KURMIES, B., 1952: Die kolorimetrische Phosphorsäurebestimmung mit Ammonium-Vanadat-Molybdat und ihre Anwendung in der Pflanzenanalyse. *Zeitschrift für Pflanzenernährung, Düngung und Bodenkunde* **159**, 11-21.

KWAPATA, M. B.; HALL, A. E., 1985: Effects of moisture regime and phosphorus on mycorrhizal infection, nutrient uptake and growth of cowpeas (*Vigna unguiculata* [L.] Walp.). *Field Crops Research* **12**, 241-250.

READ, D. J., 1992: The mycorrhizal mycelium. In: M. F. Allen (editor) *Mycorrhizal Functioning. An Integrative Plant-Fungal Process.* New York: Chapman and Hall, 102-133.

SEIFFERT, S.; KASELOWSKY, J.; JUNGK, A.; CLAASSEN, N., 1995: Observed and calculated potassium uptake by maize as affected by soil water content and bulk density. *Agronomy Journal* **87**, 1070-1077.

SIEVERDING, E., 1991: *Vesicular-Arbuscular Mycorrhiza Management in Tropical Agrosystems.* Schriftenreihe der GTZ. Eschborn.

Physiologie und Funktion von Pflanzenwurzeln. 11. Borkheider Seminar zur Ökophysiologie des Wurzelraumes
Hrsg.: W. Merbach, L. Wittenmayer, J. Augustin
B. G. Teubner — Stuttgart · Leipzig · Wiesbaden (2001), S. 64–69

Pflanze–Bakterien-Interaktionen bei Phosphatmangel in Sterilkultur

Esther HOBERG, Petra MARSCHNER und Reinhard LIEBEREI
Institut für Angewandte Botanik der Universität Hamburg, Marseiller Straße 7,
D-20355 Hamburg

Abstract

We developed a plant culture system to investigate the effect of microorganisms with or without dicotyledonous plants on various parameter of the rhizosphere soil solution under phosphate deficiency. This plant culture system allows a detailed study of the interactions between microorganisms and plant roots. Compared to dual culture alkaline phosphatase-activity of *Pseudomonas fluorescens Pf-5* was lower in the absence of plants even though the population density was similar. This could be due to the fact that *Pf-5* without plants appeared to be starved. The composition of low-molecular organic acids of the rhizosphere soil solution in the absence of plants differed from that with plants. It is concluded that in the absence of plants phosphate-solubilizing capacity of *Pf-5* as well as its contribution to phosphate uptake of the plants may be low.

Einleitung

Bei Phosphatmangel nutzen dikotyle Pflanzen und Mikroorganismen ähnliche Mechanismen, um die Phosphat- (PO_4^{3-}) Verfügbarkeit in der Rhizosphäre zu erhöhen. Durch die Aktivität der H^+-ATPase kommt es zu einer Ansäuerung der Rhizosphäre und damit zu einer erhöhten Löslichkeit anorganischer Phosphate. Nach JONES (1998) wird über die H^+-ATPase an der Plasmamembran zudem ein Protonengradient aufgebaut, durch den Transporte in beide Richtungen ermöglicht werden. Von beiden Organismengruppen werden niedermolekulare organische Säuren unter Phosphatmangel verstärkt abgegeben. Organische Säuren können unterschiedlich viele negative Ladungen tragen, abhängig vom Dissoziationsgrad und der Anzahl der Carboxylgruppen und unterscheiden sich in ihrem Phosphatlösungsvermögen (GERKE 1995). Sowohl die Ansäuerung als auch die organischen Säuren beeinflussen die Löslichkeit von PO_4^{3-} und auch Eisen (Fe^{3+}). Von Pflanzenwurzeln oder Mikroorganismen exsudierte organische Säuren solubilisieren PO_4^{3-} und Fe^{3+} über zwei Hauptmechanismen (JONES 1998):

1. Chelatisierung von Fe^{3+}, dadurch Freisetzung gebundenen PO_4^{3-},
2. Desorption von PO_4^{3-} durch die Belegung von Sorptionsplätzen.

Sowohl Mikroorganismen als auch Pflanzen erhöhen bei Phosphatmangel die Phosphatverfügbarkeit durch die Ausscheidung von Phosphatasen (DE FREITAS *et al.* 1997, GRIERSON und COMERFORD 2000). Saure und alkalische Phosphatasen spalten Phosphat von organischem Phosphat ab. Die Phosphataseaktivität kann als ein Maß für Phosphatmangel dienen, da sie mit sinkender Phosphatverfügbarkeit ansteigt. In den vorgestellten Experimenten wurde ausschließlich die Aktivität der alkalischen bakteriellen Phosphatase gemessen.

Ziel der Untersuchungen ist es, die Wechselwirkungen zwischen Pflanzen und Mikroorganismen in Hinblick auf die für die Phosphatmobilisierung bedeutsamen Parameter zu quantifizieren. In vielen Böden liegt Phosphat gebunden an Eisenoxide vor. Daher wurde in den Versuchen schwer verfügbares, an das Eisenhydroxid Goethit sorbiertes PO_4^{3-} als Phosphatquelle verwendet.

Material und Methoden

Wir entwickelten ein Sterilkultursystem für Pflanzen, welches ermöglicht, die Interaktionen von Pflanzen und Mikroorganismen detailliert unter definierten Bedingungen zu untersuchen. Das System erlaubt axenische und monaxenische Pflanzenkulturen in einem Zeitraum von mindestens sieben Wochen. In einer Vorkultur werden oberflächensterilisierte Samen in Keimpapier unter sterilen Bedingungen gekeimt. Drei bis vier ca. sieben Tage alte Keimlinge werden in je eine mit Quarzsand befüllte Glasröhre gesetzt (Abb. 1). Der Quarzsand wurde zuvor mit 0,7 g/kg mit Phosphat beladenen Goethits und Nährsalzen versetzt und auf einen pH-Wert von 6,5 eingestellt. Ein System von Silikonschläuchen wurde für die Versorgung mit Wasser und Luft, einer möglichen Zugabe von Mikroorganismen und der *in-situ*-Kollektion von

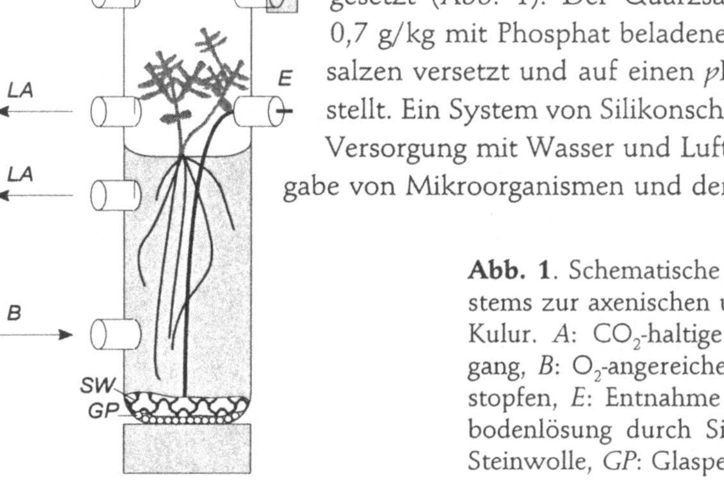

Abb. 1. Schematische Darstellung des Systems zur axenischen und monaxenischen Kulur. *A*: CO_2-haltige Luft, *LA*: Luftausgang, *B*: O_2-angereicherte Luft, *S*: Silikonstopfen, *E*: Entnahme von Rhizosphärenbodenlösung durch Silikonschlauch. *SW*: Steinwolle, *GP*: Glasperlen.

Rhizosphärenbodenlösung unter sterilen Bedingungen genutzt. Die Kulturen wurden alle zwei bis drei Tage mit ca. 3 ml sterilem, destiliertem Wasser versorgt. Bei Versuchsende wurden zunächst ca. 15 ml der Bodenlösung abgezogen (Lösung *1*). Diese Lösung beinhaltet die während eines unbestimmten Zeitraumes abgegebenen organischen Säuren und die in der Rhizosphärenbodenlösung vorhandenen Bakterien. Anschließend wurden 20 ml steriles, destiliertes Wasser von oben auf den Sand gegeben, um die leicht desorbierbaren organischen Säuren und Salze zu lösen. Auch diese Lösung wurde abgezogen (Lösung *2*). Sie soll möglichst vollständig die am Substrat gebundenen organischen Säuren entfernen, um die nachfolgende Exsudatlösung auf die Exsudate eines definierten Zeitraumes (hier 60 min) beziehen zu können. Mit ihr wird auch ein Teil der im Substrat oder auf den Wurzeln lebenden Bakterien entfernt. Nach Zugabe weiterer 20 ml wurden die Röhren 60 min stehen gelassen und anschließend die eigentliche Exsudatfraktion (Lösung *3*) gewonnen. Die Rhizosphärenbodenlösung wurde auf Zellzahl, Sterilität bzw. Monaxenität, alkalische Phosphataseaktivität (fluorimetrische Messung des aus Methylumbelliferylphosphat freigesetzten Methylumbelliferons), organische Säuren (HPLC) und Phosphatgehalt (MURPHY und RILEY 1962) untersucht.

In Versuch *1* wurde die Phosphatverfügbarkeit von sorbiertem Phosphat für *Pseudomonas fluorescens Pf-5* ohne den Einfluß der Pflanze untersucht. Es wurden vier Röhren mit $0,5 \times 10^{10}$ Zellen inokuliert und nach drei und sechs Tagen mit 3 ml einer 0,1%igen Glucoselösung versetzt. Die vier Sterilkontrollen ohne Inokulation wurden ebenso behandelt. Die Ernte erfolgte am Tag acht. In allen drei Lösungen wurden die Phosphataseaktivität, der Gehalt und die Zusammensetzung der organischen Säuren sowie der Phosphatgehalt gemessen. Im Versuch *2* sollten die Interaktionen zwischen Pflanzen und *Pf-5* untersucht werden. Als Versuchspflanze wurde Tomate (*Lycopersicum esculentum* L.), Sorte ‚Freude‘, gewählt, da sie in den Vorversuchen eine verstärkte Säureexsudation unter Phosphatmangel gezeigt hatte. Die Ernte erfolgte im Dreiblattstadium der drei bis vier Pflanzen (Pflanzenalter 42 Tage), eine Woche nach Inokulation mit 10^{8} Zellen von *Pf-5*. Die Lösungen *1*, *2* und *3* wurden nach dem selben Muster wie im Versuch *1* gewonnen. Die Zellzahl und Phosphataseaktivität der dritten Fraktion wurde nach Schütteln eines Aliquots der Wurzeln in physiologischer Kochsalzlösung bestimmt, um die auf den Wurzeln vorhandenen Mikroorganismen zu erfassen

Ergebnisse und Diskussion

Trotz der unterschiedlichen Inokulationsdichten wurden nach einer Woche Sterilkultur in beiden Versuchen vergleichbare Zellzahlen von *Pf-5* gefunden. In den inokulierten Röhren von Versuch *1* konnten in allen drei Lösungen bei einem Phosphatgehalt von 0,1 µg/ml durchschnittlich $8,6 \times 10^6$ Zellen je ml gezählt werden. Die nicht inokulierten Röhren waren steril und wiesen die gleiche Phosphatkonzentration auf. In den Röhren von Versuch 2 wurden $1,3 \times 10^7$ Zellen je ml festgestellt. Der Phosphatgehalt aller drei Lösungen lag hier dreimal so hoch (0,3 µg/ml). In Gegenwart der Pflanzen wurde daher mehr Phosphat in Lösung gebracht. Auffallend war, daß die Kolonien in Versuch *1* erst nach 48 h gezählt werden konnten, während die Kolonien in Versuch 2 bereits nach 24 h zählbar waren. Die langsamere Koloniebildung von *Pf-5* und auch der niedrigere Phosphatgehalt der Lösungen in Versuch *1* läßt auf einen Hungerzustand der Zellen in Abwesenheit der Pflanzen schließen, während in der Co-Kultur mit Tomate die Ernährungsbedingungen für *Pf-5* günstiger waren. Die alkalische Phosphataseaktivität der *Pf-5* Zellen wurde für beide Versuche 4 h nach der Entnahme gemessen und in ng umgesetztes Substrat (MU)/(h $\cdot 10^6$ Zellen) berechnet. Die Daten sind in Abb. 2 grafisch dargestellt.

In Versuch *1* lag die Phophataseaktivität mit 1,5 ng/(h $\cdot 10^6$ Zellen) in allen drei Lösungen etwa gleich hoch. Im Versuch 2 war die Phosphataseaktivität in der Lösung 2 niedriger als in den anderen beiden Lösungen. Der Vergleich der Phosphataseaktivität zwischen den beiden Versuchen zeigt, daß die Bakterien in den Röhren ohne Pflanzen eine wesentlich niedrigere Aktivität und damit einen geringeren Phosphatmangel zeigten als in den Röhren mit Pflanzen. Auch dies deutet darauf hin, daß sich die Bakterien ohne Pflanzen in einem Hungerzustand befanden. Die Anwesenheit der Pflanzen führte nicht nur zu einer gesteigerten

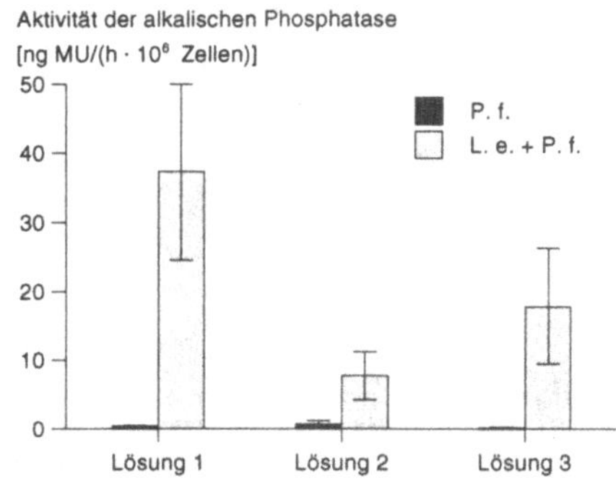

Abb. 2. Mittlere Aktivität und Standardfehler der alkalischen Phosphatase von *Pseudomonas fluorescens Pf-5* unter monaxenischen Bedingungen (P. f.) und unter Kulturbedingungen mit *L. esculentum* (L. e. + P. f.) nach 4 h, dargestellt als gebildetes Methylumbelliferon (MU).

alkalischen Phosphataseaktivität von *Pf-5*, sondern auch zu Veränderungen in Zusammensetzung und Gehalt an organischen Säuren in der Bodenlösung (Abb. 3 und 4). Sie können von lebenden Bakterien oder Wurzeln abgegeben oder auch aus lysierten Zellen freigesetzt worden sein. Angegeben wurden die Gehalte der Lösungen *1* und *3* in µmol je 200 g Sand. Hier ist darauf hinzuweisen, daß die Konzentrationen an organischen Säuren wahrscheinlich unterschätzt werden, da diese sich sowohl an den Sand als auch an das Goethit binden. In den Lösungen konnten bis zu vier verschiedene organische Säuren festgestellt werden (Citrat, Malat, Formiat, Fumarat).

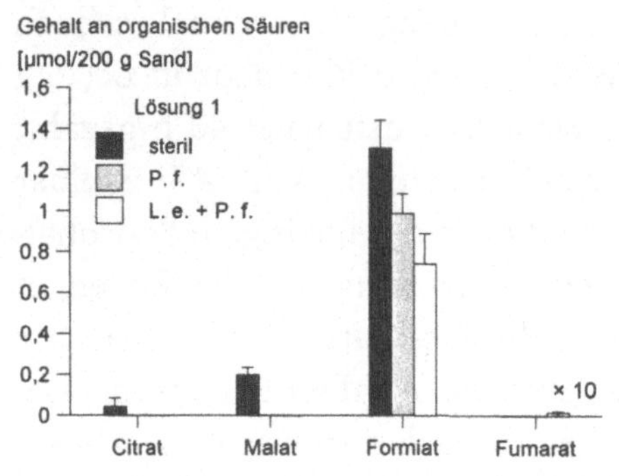

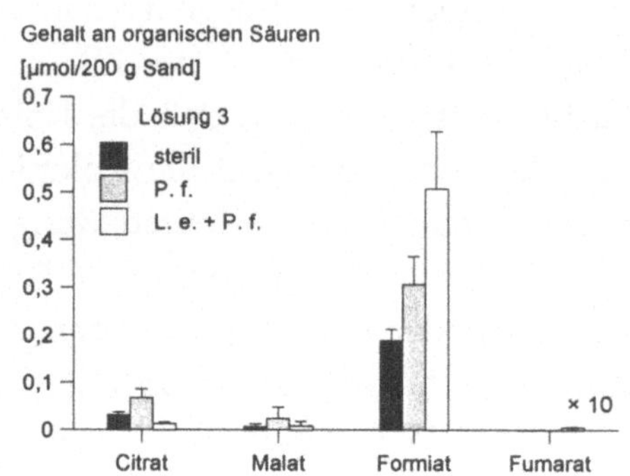

Abb. 3. Angabe des mittleren Gehaltes an organischen Säuren der Lösung *1* und ihrem Standardfehler.

Abb. 4. Angabe des mittleren Gehaltes an organischen Säuren der Lösung *3* und ihrem Standardfehler.

(Reihenfolge der Säuren wie im Chromatogramm, bei unterschiedlichen Kulturbedingungen von *Pseudomonans fluorescens* Pf-5 unter mon-axenischen Bedingungen (P. f.) und unter Kulturbedingungen mit *Lycopersicum esculentum* (L. e. + P. f.)).

Beim Vergleich der Varianten in Abb. 3 und 4 wird zum einen deulich, daß sich im sterilen Sand noch geringe Mengen an Citrat und Malat befanden, die sich weder in der Kultur mit *Pf-5* noch in der Co-Kultur von Tomate mit *Pf-5* detektieren ließen. Es ist wahrscheinlich, daß sowohl Citrat als auch Malat von den Mikroorganismen metabolisiert wurden. Zum anderen erweiterte sich das Spektrum in Gegenwart von Tomate um eine weitere organische Säure (Fumarat). In Lösung 3 (Abb. 4), der eigentlichen Exsudatfraktion, wird eine weitere Quelle erschlossen, die der Desorption leicht löslicher organischer Säuren vom Sand. Im Vergleich zu Lösung *1* enthielt die Lösung *3* in der Sterilvariante geringere Konzentrationen an Citrat und Malat. Diese beiden organischen Säuren traten im Gegensatz zur Lösung *1* sowohl in den monaxenischen Röhren als auch in denen der Co-Kultur auf. Es wurde daher offenbar mehr Citrat und Malat exsudiert, als in der Kürze der Zeit metabolisiert werden konnte. Der Gehalt an Formiat sank in allen drei Fällen, Fumarat war auch hier nur in der Co-Kultur von Tomate mit *Pf-5* zu finden. Die Untersuchung der alkalischen Phosphatase und der organischen Säuren macht zum einen deutlich, daß *Pf-5* von der Co-Kultur mit Tomate profitiert. Allein scheint *Pf-5* nur ein geringes Phosphatlösungsvermögen zu haben. *Pf-5* zeigte jedoch in der Kultur zusammen mit Tomate eine wesentlich höhere Phosphataseaktivität, was auf einen stärkeren Phosphatmangel hindeutet. Demnach besitzt die Tomate effektivere Phosphataufnahmemechanismen als *Pf-5*. Andererseits könnte die erhöhte Phosphataseaktivität in einem natürlichem Boden mit einem höheren organischen Phosphatgehalt zu einer günstigeren Versorgung mit Phosphat sowohl der Pflanzen als auch der Mikroorganismen führen.

Danksagung

Die Arbeiten zu diesem Artikel wurden von der DFG finanziert und basieren in Teilen auf den Ergebnissen des Promotionsvorhabens von Frau Esther Hoberg im Fachbereich Biologie der Universität Hamburg.

Literaturverzeichnis

DE FREITAS, J. R.; BANERJEE, M. R.; GERMIDA, J. J., 1997: Phosphate-solubilizing rhizobacteria enhance the growth and yield but not phosphorus uptake of canola (*Brassica napus* L.). *Biology and Fertility of Soils* **24**: 358–364.

GERKE, J., 1995: *Chemische Prozesse der Nährstoffmobilisierung in der Rhizosphäre und ihre Bedeutung für den Übergang vom Boden in die Pflanze*. Göttingen: Cuviller.

GRIERSON, P. F.; COMERFORD, N. B., 2000: Non-destructive measurements of acid phophatase activity in the rhizosphere using nitrocellulose membranes and image analysis. *Plant and Soil* **218**: 49–57.

JONES, D. L., 1998: Organic acids in the rhizosphere — a critical review. *Plant and Soil* **205**, 25–44.

MURPHY, J.; RILEY, J. P., 1962: A modified single solution method for the determination of phosphate in natural waters. *Anlytica Chimica Acta* **27**: 31–36.

3

Rhizosphärenprozesse und ihre Beeinflußbarkeit

Physiologie und Funktion von Pflanzenwurzeln. 11. Borkheider Seminar zur Ökophysiologie des Wurzelraumes
Hrsg.: W. Merbach, L. Wittenmayer, J. Augustin
B. G. Teubner — Stuttgart · Leipzig · Wiesbaden (2001), S. 73–77

Mikrobieller Stickstoffumsatz in der Rhizosphäre

Silke RUPPEL
Institut für Gemüse- und Zierpflanzenbau Großbeeren/Erfurt e. V., Theodor-Echtermeyer-Weg 1, D-14979 Großbeeren, E-Mail: ruppel@igzev.de

Abstract

The potential nitrogen immobilization rate of a soil bacterial community was investigated in a laboratorial experiment. The amount of nitrogen immobilized by the bacterial biomass in conditions which were not carbon limited depend on the growth rate of the bacteria and their C/N ratio. Both factors were measured under optimal growth conditions with increasing amounts of ammoniumnitrate (0, 50 and 100 mg N/l). The bacterial growth was four times higher in the 100 mg N/l nitrogen fertilized treatment compared to the control without nitrogen and the C/N ratio varied between 6.1 and 8.6. If we take these fluctuations into account and calculate the potential nitrogen immobilization rate of the microbial community in a diluvial sand soil, we receive amounts between 45 and 128 kg N/(ha · d). This is a lot of nitrogen which could be transferred within one day if carbon is not limited and the growth conditions are optimal (28 °C and saturated oxygen). In which time course the microbial immobilized nitrogen will be remineralized or transferred into the soil organic carbon pool is not yet understood. Models describing nitrogen transfer rates in soils for fertilization recommendations could probably be improved when these microbial immobilization rates would be included.

Einleitung

Grundlage für die Erarbeitung von Stickstoffdüngungsempfehlungen für die gärtnerische bzw. landwirtschaftliche Praxis sind bisher die gemessenen Netto-Stickstoff-Umsatzraten im Boden. Dabei treten besonders nach der Düngung und nach der Einarbeitung leicht umsetzbarer organischer Substanz in den Boden häufig größere Abweichungen der mineralisierten N-Mengen von den durch die Modelle vorhergesagten Mengen auf (CADISCH und GILLER 1997). Ein Grund für diese Abweichungen wird immer wieder in den schwer bestimmbaren Größen der mikrobiellen N-Immobilisierung und der potentiellen N-Mineralisierung der Substrate gesehen. Besonders in der Rhizosphäre treten temporär relativ große Mengen leicht verfügbaren Kohlenstoffs auf, die für das Wachstum der mikrobiellen Biomasse in diesen Bereichen als Nährstoffquelle dienen (MERBACH *et al.* 1999). Wurzelexsudatmengen können zwischen 30...70 % der Netto-C-Fixierung einjähriger Pflanzen ausmachen (LYNCH und WHIPPS 1990). 40...90 % dieser in die Wurzel transportierten C-Mengen werden von der Wurzel bzw. assoziierten Mikroorganismen veratmet. Das sind Größenordnungen zwischen 0,5...2,9 t/(ha · a). Bei C-Verfügbarkeit können vorhandene Stickstoffmengen in der Rhizosphäre, zum Beispiel nach einer mineralischen Düngung oder Einarbeitung von Ernterückständen, in kurzer Zeit in die mikrobielle Biomasse immobilisiert werden.

Um die Größenordnung der potentiell möglichen Stickstoffimmobilisierung in die mikrobielle Biomasse zu bestimmen, wurde ein Modellversuch unter nicht limitierten Bedingungen durchgeführt und das Bakterienwachstum und das C/N-Verhältnis der Bakteriengesellschaft bei steigender Stickstoffzugabe gemessen. Diese potentielle Schwankungsbreite der N-Immobilisierung wird extrapoliert auf Feldbedingungen eines diluvialen Sandbodens.

Material und Methoden

Gewinnung der Bodenbakterienfraktion

Die Bakterienfraktion wurde aus einem diluvialen Sandboden extrahiert (RUPPEL und AUGUSTIN 1998). Um Reste an Nährstoffen zu entfernen, wurde die Bakterienfraktion zweimal in steriler physiologischer Kochsalzlösung (0,05 M NaCl) mittels Zentrifugation (30 min bei 2450 × g und 5 °C) gewaschen. Diese Bakteriengesellschaft aus dem Boden wurde in einem Modellversuch genutzt, um die Schwankungsbreite des Bakterienwachstums und des C/N-Verhältnisses in der bakteriellen Biomasse in Abhängigkeit von der C- und N-Ernährung zu bestimmen.

Modellversuch

Flüssigem Minimalmedium (40 ml je Probe), bestehend aus 1,0 g K_2HPO_4, 0,1 g $CaCl_2 · 6 H_2O$, 0,3 g $MgSO_4 · 7 H_2O$, 0,1 g NaCl und 0,01 g $FeCl_3 · 6 H_2O$, gelöst in 1 l destilliertem Wasser, wurden gestaffelte Mengen Stickstoff zugesetzt. Als C-Quelle wurden 3000 mg C/l Glucose und als N-Quelle Ammoniumnitrat in den Konzentrationen 0, 50 und 100 mg N/l genutzt. 100 µl der vom Boden separierten Bakterienfraktion wurden in 40 ml Minimalmedium der jeweiligen Variante in drei Wiederholungen inokuliert und bei 28 °C über 48 h bei 150 U/min im Schüttelinkubator kultiviert. Medienkontrollen wurden zur Sterilitätsprüfung mitgeführt. Nach 48 h Wachstum wurden 3 ml je Kölbchen entnommen und die Keimzahl auf

Nähragar mittels MPN-Methode bestimmt. Die restlichen 37 ml wurden bei 2450 × g und 5 °C über 30 min zentrifugiert, die Bakterien im Pellet zweimal in physiologischer Kochsalzlösung über Zentrifugation wie oben beschrieben gewaschen, das Pellet gesammelt, bei 60 °C bis zur Gewichtskonstanz getrocknet und die Trockenmasse bestimmt. Anschließend erfolgte die Gesamt-C- und Gesamt-N-Analyse am Elementaranalysator *CHN-O-Rapid* der Firma *Heraeus*.

Ergebnisse und Diskussion

Das Wachstum der aus dem Boden separierten Bakteriengesellschaft wurde im Modellversuch durch die Zugabe von 100 mg N/l Stickstoff zum Nährmedium unter nicht limitierter Kohlenstoffverfügbarkeit um das ca. Vierfache gegenüber der Kontrolle ohne Stickstoffzugabe erhöht (Abb. 1A). Die Spanne des C/N-Verhältnisses in der mikrobiellen Biomasse reichte von 6,1 bei ausreichender Stickstoffversorgung bis zu 8,6 unter N-Mangelbedingungen (Abb. 1B). Ausgehend von diesen Schwankungsbreiten, die unter optimalen Wachstumsbedingungen für die mikrobielle Biomasse im Modellversuch auftreten können, wurden diese Werte auf tatsächlich in Feldversuchen auf diluvialem Sandboden vorkommende Biomassewerte der Bodenmikroflora extrapoliert (Abb. 2).

Allein eine Verengung des C/N-Verhältnisses in der mikrobiellen Biomasse von 8,6 auf 6,1, wie sie theoretisch unter ausreichender Stickstoffverfügbarkeit vorkommen kann, bedeutet eine Erhöhung der mikrobiellen N-Immobilisierung um ca. 45 kg N/(ha · d). Die aus diesen Werten abgeleitete maximale Schwankungsbreite der mikrobiellen N-Immobilisierung zwischen weitem C/N-Verhältnis ohne zusätzlicher N-Düngung bis zu engem C/N-Verhältnis bei 100 kg N/ha Düngung beträgt 45 bis 128 kg N/(ha · d) (Abb. 2).

Das heißt, bei ausreichender C-Verfügbarkeit und unter optimalen Wachstumsbedingungen, wie hoher Temperatur und guter Sauerstoffverfügbarkeit im Boden, können beträchtliche Mengen an leicht verfügbarem Stickstoff innerhalb kürzester Zeiträume mikrobiell im Boden immobilisiert werden. Diese zu den Brutto-Nährstoff-Umsatzraten zu rechnenden Größenordnungen werden bisher in Stickstoffbilanzrechnungen und für die Modellierung gasförmiger N-Verluste nicht hinzugezogen. In Böden mit einem weitaus höheren Gehalt an mikrobieller Biomasse, wie zum Beispiel auf Lößlehm oder Auenlehmböden, die C_{mic}-Gehalte zwischen 150 und 250 µg C_{mic}/g Boden aufweisen (entspricht 675...1125 kg C_{mic}/ha, 0...30 cm Bodenschicht) (RUPPEL und RÜHLMANN 1999) können die immobilisierten Stickstoffmengen entsprechend mehr als dreimal so hoch sein.

Vermutungen über kurzeitig in die mikrobielle Biomasse immobilisierte Stickstoff-mengen, wie sie von NIEDER *et al.* (1993) beschrieben werden, sind also durchaus im akzeptablen Bereich. Inwieweit diese kurzeitig immobilisierten Nährstoffe remineralisiert werden bzw. zur Anreicherung der organischen Bodensubstanz beitragen, ist bisher ungeklärt. Eine Berücksichtigung des Ausgangszustandes der Böden (C_{mic}-Gehalt), sowie der Vegetation (für die C-Verfügbarkeit) und der Klima-daten könnte möglicherweise die Beschreibung der Stickstoffflüsse nach Düngung wesentlich verbessern.

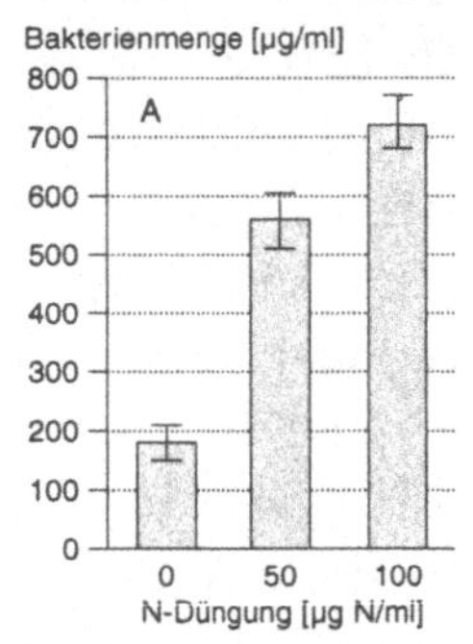

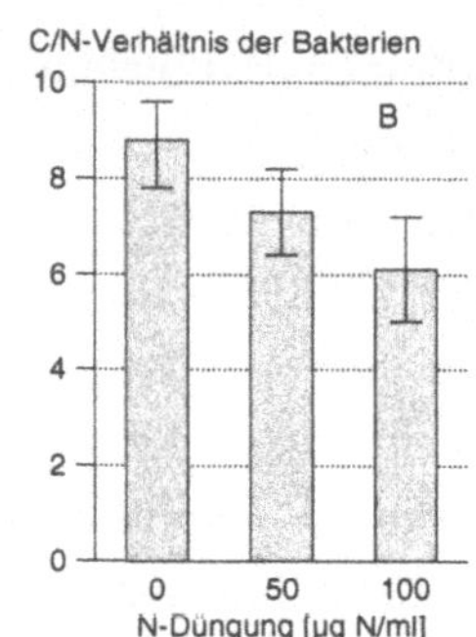

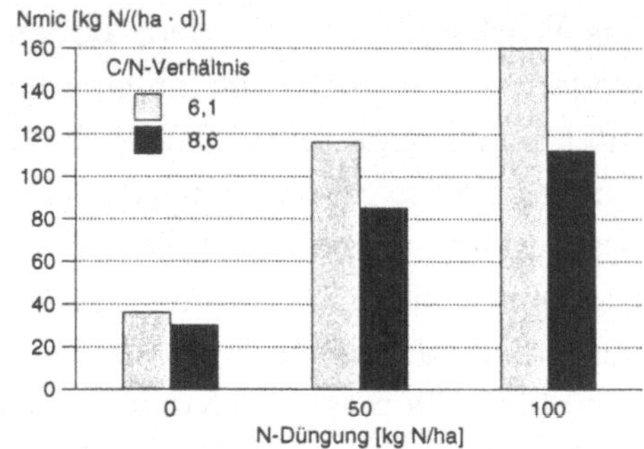

Abb. 1. Gewachsene Bakterienmenge (Trok-kenmasse) (A) und C/N-Verhältnis in der mikrobiellen Biomasse (B) in Abhängigkeit von der Ammoniumnitrat-N-Düngermenge unter nicht C-limitierten Bedingungen (3000 mg C/l).

Abb. 2. Potentielle N-Immobilisierung je Tag in die mikrobielle Biomasse des Bodens in Abhängigkeit von der N-Verfügbarkeit unter nicht C-limitierten Bedingungen am Beispiel eines diluvialen Sandbodens mit einem Gehalt an mikrobieller Biomasse von 50 µg C_{mic} je g Boden (d. h. 225 kg C_{mic}/ha, 0...30 cm Bodenschicht).

Literaturverzeichnis

CADISCH, G., GILLER, K. E. (Hrsg.) 1997: *Driven by Nature: Plant Litter Quality and Decomposition.* Oxon, New York: CAB International, 409 S.

LYNCH, J. M.; WHIPPS, J. M., 1990: Substrate flow in the rhizosphere. *Plant and Soil* **129**, 1-10.

MERBACH, W.; MIRUS, E.; KNOF, G.; REMUS, R.; RUPPEL, S.; RUSSOW, R.; GRANSEE, A.; SCHULZE, J., 1999: Release of carbon and nitrogen compounds by plant roots and their possible ecological importance. *Journal of Plant Nutrition and Soil Science* **162**, 373-383.

NIEDER, R.; KERSEBAUM, C.; WIDMER, P.; RICHTER, J., 1993: Untersuchungen zur Stickstoff-Immobilisation in mineralisch gedüngten Ackerböden aus Löß während der Vegetationszeit von Winterweizen. *Zeitschrift für Pflanzenernährung und Boden-kunde* **156**, 293-300.

Ruppel, S.; Augustin, J., 1998: Methode zur direkten N-Bestimmung in der mikrobiellen Biomasse des Bodens. In: W. Merbach (Hrsg.) *Pflanzenernährung, Wurzelleistung und Exsudation*. Stuttgart, Leipzig: B. G. Teubner Verlagsgesellschaft, 21–28.

Ruppel, S.; Rühlmann, R., 1999: Relation zwischen dem Gehalt an mikrobieller Biomasse und dem Pflanzenertrag auf Sand-Auenlehm- und Lößlehmboden nach langfristig unterschiedlicher organischer und mineralischer Düngung. In: W. Merbach, M. Körschens: „Dauerdüngungsversuche als Grundlage für nachhaltige Landnutzung und Quantifizierung von Stoffkreisläufen". *UFZ-Bericht* **24**: 263–266.

Physiologie und Funktion von Pflanzenwurzeln. 11. Borkheider Seminar zur Ökophysiologie des Wurzelraumes
Hrsg.: W. Merbach, L. Wittenmayer, J. Augustin
B. G. Teubner — Stuttgart · Leipzig · Wiesbaden (2001), S. 78–84

Einfluß der N-Versorgung und der CO_2-Konzentration auf die Feinwurzelbildung und die Veratmung wurzelbürtigen Kohlenstoffs der Buche

Jens DYCKMANS und Heiner FLESSA
Institut für Bodenkunde und Waldernährung der Georg-August-Universität
Göttingen, Büsgenweg 2, D-37077 Göttingen

Abstract

Increasing atmospheric CO_2 concentrations and nitrogen deposition may change below ground allocation of assimilates in trees. We conducted an ^{13}C labelling experiment with beech to quantify the effects of elevated $[CO_2]$ and tree internal N stocks on the allocation of assimilates to the fine roots and on below ground respiration. Our data show that both elevated $[CO_2]$ and reduced tree internal N stores led to an increased investment of assimilates into root growth and root respiration. Root activity (expressed as below ground respiration per mass unit fine roots) was also increased under elevated $[CO_2]$, but lowered for trees with reduced N stocks growing under ambient $[CO_2]$. The measured changes in root activity were due to changes in total root growth rather than changes in specific root activity.

Einleitung

In Mitteleuropa ist eine neue, in der bisherigen Geschichte unserer Wälder nicht bekannte Situation eingetreten, die ihre Ursache in dem zunehmenden Eingriff des Menschen in die biogeochemischen Kreisläufe des Kohlenstoffs und des Stickstoffs hat. Die steigenden CO_2-Konzentrationen in der Atmosphäre sowie die emissionsbedingt hohen N-Depositionsraten haben dazu geführt, daß die Verfügbarkeit von zwei der wichtigsten wachstumslimitierenden Faktoren in Waldökosystemen wesentlich erhöht wurde. Dies kann nicht nur wie vielfach dokumentiert eine Zunahme der Wuchsleistung verursachen, sondern auch die Assimilattranslokation verändern. Wissensdefizite bestehen besonders im Bereich der Interaktion der CO_2- und N-Verfügbarkeit hinsichtlich der unterirdischen Reaktionen von Bäumen.

Zielsetzung dieser Studie war es, in Klimakammerversuchen mit Buchen den Einfluß der CO_2-Konzentration und der bauminternen N-Speicher auf die Assimilattranslokation in die Feinwurzeln und die unterirdische Veratmung von Assimilaten zu quantifizieren. Hierbei sollte zwischen der aktuellen C-Aufnahme der Buchen und dem bereits vorhandenen C in der Baumbiomasse unterschieden werden.

Material und Methoden

Buchen im Alter von drei bis vier Jahren wurden in kompartimentierte Mikrokosmen gepflanzt, die den Wurzel- vom Sproßraum trennen und eine Vegetationsperiode lang (vor dem Blattaustrieb bis zum Blattfall) in Klimakammern unterschiedlichen CO_2-Konzentrationen (350 bzw. 700 ppm) ausgesetzt (Abb. 1). Das

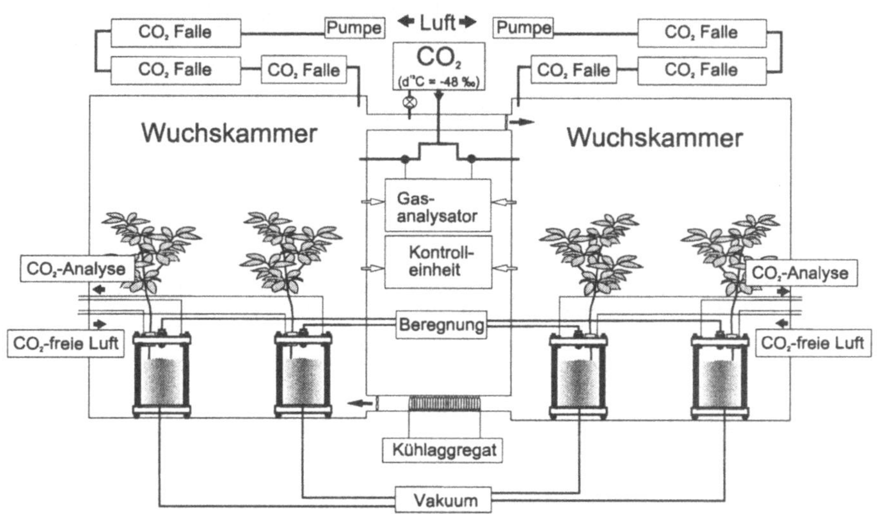

Abb. 1. Schematische Darstellung des Versuchsaufbaus.

CO_2 in den Kammern war isotopisch markiert (Zudosierung von CO_2 mit $\delta^{13}C$ von −48 ‰), so daß nach Beerntung der Buchen die Translokation der C-Aufnahme (C_{neu}) mittels Massenspektrometrie (*Delta plus*, Fa. *Finnigan Mat*) quantifiziert werden konnte. Im Durchluftsystem des Wurzelraumes (Sandkultur mit definierter Zufuhr CO_2-freier Luft) wurde sowohl wöchentlich die CO_2-Produktion mittels CO_2-Konzentrationsbestimmung (GC-WLD) als auch der Anteil markierter (d. h. neu gebildeter) Assimilate als Substrat der Atmung mittles GC-IRMS-Messungen (*Delta C*, Fa. *Finnigan Mat*) ermittelt. Hierbei konnte nicht zwischen der Wurzelatmung und dem mikrobiellen Abbau wurzelbürtiger organischer Substanz unterschieden werden. Beide Prozesse werden hier unter dem Begriff Wurzelraumrespiration zusammengefaßt. Der Versuchsaufbau wurde von DYCKMANS *et al.* (2000a und 2000b) ausführlich beschrieben.

Um den Einfluß der bauminternen N-Vorräte untersuchen zu können, wurden Buchen mit unterschiedlicher N-Versorgung im Vorjahr verwendet. In Tab. 1 sind die Versuchsvarianten sowie ihre Kurzbezeichnungen zusammengestellt. Pro Variante wurden fünf Wiederholungen untersucht.

Tab. 1. Versuchsvarianten mit unterschiedlicher Behandlung im Vor- und im Versuchsjahr.

Behandlung im Vorjahr		Beghandlung im Versuchsjahr		Varianten-bezeichnung
CO_2-Konzentration	N-Versorgung	CO_2-Konzentration	N-Versorgung	
Ambient, Freiland	gut	Kammer, 350 ppm	gut	*350;+N*
Ambient, Freiland	keine	Kammer, 350 ppm	gut	*350;-N*
Ambient, Freiland	gut	Kammer, 700 ppm	gut	*700;+N*
Ambient, Freiland	keine	Kammer, 700 ppm	gut	*700;-N*

Ergebnisse und Diskussion

Feinwurzelbildung

Die CO_2-Konzentration und die bauminternen N-Vorräte beeinflußten nicht nur die absolute Menge an neuen Assimilaten, die in das Feinwurzelwachstum investiert wurde, sondern auch die relative Bedeutung der Feinwurzeln als C-Senke. Die Festlegung neuer Assimilate in den Feinwurzeln war unter erhöhter CO_2-Konzentration (24 Wochen nach Blattaustrieb) ca. 40 % größer als bei ambienter CO_2-Konzentration (Tab. 2). Reduzierte bauminterne N-Vorräte führten zu einer verringerten C-Aufnahme und einem deutlich reduzierten Feinwurzelwachstum. Die relative Bedeutung der Feinwurzeln als Assimilatsenke nahm mit steigendem Nährstoffbedarf zu (Tab. 2, Partitioning). Sie stieg von 23,3 % der gesamten C-Aufnahme in der Variante mit guter N-Versorgung und 350 ppm CO_2 bis auf 26,8 % in der Variante mit reduziertem N-Vorrat und 700 ppm CO_2 an. Die Ergebnisse zeigen, daß die Buchen bestrebt waren, den Nährstoffbedarf, der mit zunehmender Reduktion bauminterner N-Speicher sowie steigender CO_2-Verfügbarkeit ansteigt, durch verstärkte C-Investition in die Feinwurzeln auszugleichen.

Ähnliche Beobachtungen eines verstärkten Assimilattransports in das Wurzelsystem in Abhängigkeit der N- und CO_2-Verfügbarkeit wurden auch für andere Baumarten beschrieben (BURKE 1992, WENDLER und MILLARD 1996). Die Ergebnisse bestätigen die Beobachtung von VAN DEN DRIESSCHE (1987), daß die Feinwurzelbildung fast ausschließlich aus neuen Assimilaten erfolgt und von HENDRICK und PREGITZER (1993), die feststellten, daß der Hauptteil der Wurzelatmung auf die neu gebildeten Feinwurzeln zurückzuführen ist.

Wurzelraumrespiration

Tab. 2. Menge des Gesamt-C und des neu aufgenommenen C (C_{neu}) sowie Anteil des C_{neu} am Gesamt-C (RSA*) und Anteil des gesamt neu aufgenommenen C in den Feinwurzeln (Partitioning[‡]) und der kumulativen Wurzelraumrespiration 24 Wochen nach Blattaustrieb. Mittelwerte ± Standardabweichungen ($n = 5$).

	Variante			
	350;+N	*700;+N*	*350;-N*	*700;-N*
Feinwurzeln				
Gesamt-C [g]	3,45 ± 1,28	3,62 ± 0,33	3,16 ± 0,10	3,78 ± 0,57
C_{neu} [g]	1,39 ± 0,38	1,96 ± 0,44	1,02 ± 0,20	1,48 ± 0,47
RSA* [%]	41,2 ± 7,1	54,4 ± 13,6	32,5 ± 6,5	38,6 ± 8,4
Partioning[‡] [%]	23,3 ± 5,0	25,3 ± 3,1	24,6 ± 0,9	26,8 ± 1,9
Wurzelraumrespiration				
Gesamt-C [g]	2,15 ± 0,35	2,76 ± 0,46	1,58 ± 0,19	2,69 ± 0,72
C_{neu} [g]	1,57 ± 0,29	2,25 ± 0,38	1,21 ± 0,16	2,27 ± 0,73
RSA* [%]	73,1 ± 5,8	81,3 ± 4,4	77,0 ± 2,3	83,9 ± 3,8
Partioning[‡] [%]	26,4 ± 2,5	29,4 ± 3,4	29,4 ± 2,6	41,5 ± 3,5

*) RSA — *Relative Specific Allocation* (Anteil des neuen C am Gesamt-C im Kompartiment),
[‡]) Partitioning — Anteil des Kompartiments am neuen C der Gesamtpflanze.

Die Wurzelraumrespiration wurde noch deutlicher als die Feinwurzelbildung durch die Faktoren CO_2-Konzentration und bauminterne N-Vorräte beeinflußt. Wie bei den Feinwurzeln zeigte sich, daß die relative Bedeutung der Wurzelraumrespiration als Senke für die neu gebildeten Assimilate mit steigendem Nährstoffbedarf zunahm. Über den Versuchszeitraum von 24 Wochen wurden 26 % (Variante: *350;+N*), 29 % (Variante: *700;+N* und *350;-N*) bzw. 42 % (Variante: *700;-N*) des

350;+N), 29 % (Variante: *700;+N* und *350;-N*) bzw. 42 % (Variante: *700;-N*) des neu assimilierten Kohlenstoffs über die Wurzelraumrespiration abgegeben (Tab. 2, Partitioning). Auch in anderen Untersuchungen mit verschiedenen Baumarten wurde ein Anstieg der Wurzelraumrespiration unter erhöhter CO_2-Konzentration gefunden (VIVIN *et al.* 1996). Die Ergebnisse dieser Studie zeigen, daß die Steigerung der Respiration bei reduziertem bauminternen N-Speicher (Variante: *700;-N*) besonders ausgeprägt ist.

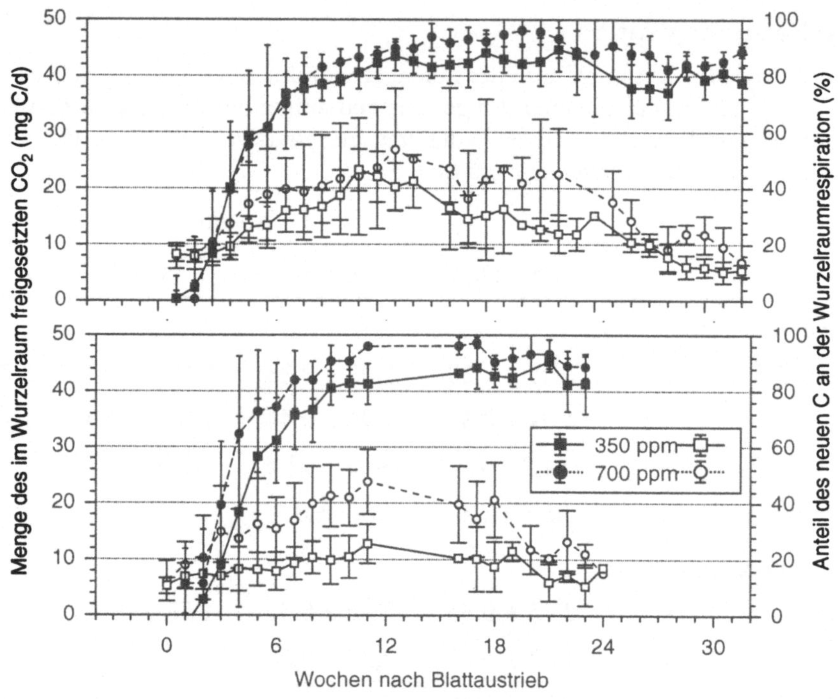

Abb. 2. Zeitverlauf der CO_2-Produktionsrate im Wurzelraum (gepunktete Linien) und des Anteils des neuen C (durchgezogene Linien) an der Wurzelraumrespiration für die Varianten +*N* (oben) und -*N* (unten) in Abhängigkeit von der CO_2-Konzentration in der Sproß-kammer. Mittelwerte und Standardabweichung (*n* = 5).

In den ersten drei Wochen nach Blattaustrieb wurden überwiegend Assimilate, die in den Vorjahren gebildet wurden, veratmet (Abb. 2). Danach stieg sowohl die Gesamtrespiration als auch der Anteil von markiertem (d. h. neu assimiliertem) C in der Wurzelraumrespiration an. Acht Wochen nach Blattaustrieb stellten die neuen Assimilate ca. 80 % des veratmeten Substrats. Die Ergebnisse zeigen, daß im

Vorjahr aufgenommener C für die Wurzelraumrespiration unbedeutend wird, sobald die Blattbildung abgeschlossen ist. Da überwiegend sehr junge Assimilate veratmet werden, ist die Wurzelraumrespiration direkt an die Photosyntheseleistung der Bäume gekoppelt. HORWATH et al. (1994) zeigten in ^{14}C-Markierungsexperimenten an Pappeln, daß die Wurzelrespiration nahezu ausschließlich aus Assimilaten hervorging, die jünger als zehn Tage waren. Es ist daher wahrscheinlich, daß der geringe Beitrag älterer C-Quellen zu der Wurzelraumrespiration durch die Mineralisation abgestorbener Wurzeln oder Wurzelexudaten verursacht wurde.

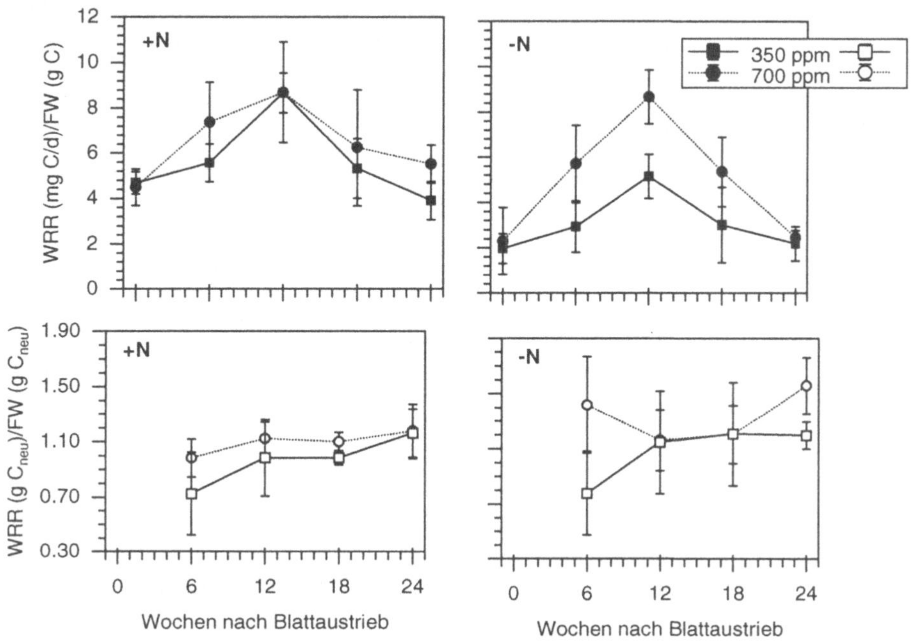

Abb. 3. Wurzelraumrespirationsrate, dargestellt pro Gramm Feinwurzeltrockenmasse (oben) und neuer C in der kumulativen Wurzelraumrespiration, dargestellt pro Gramm neuem C in den Feinwurzeln (unten) für die CO_2-Behandlungen der +N- und -N-Varianten. Mittelwerte und Standardabweichung ($n = 5$).

In Abb. 3 ist die Relation zwischen der Wurzelraumrespiration und der Feinwurzelmenge dargestellt. Diese Relation zeigt deutlich, daß die Wurzelaktivität in allen Varianten ca. zwölf Wochen nach Beginn des Blattaustriebs am höchsten war (Abb. 3, oben). Unter erhöhter CO_2-Konzentration war die Wurzelaktivität gesteigert. Bei reduziertem bauminternem N-Speicher und ambienter CO_2-Konzentration war sie aufgrund der stark verringerten Assimilationsleistung am geringsten.

Bezieht man den im Wurzelraum veratmeten neuen Kohlenstoff auf die neu gebildete Feinwurzelbiomasse (Abb. 3, unten), bekommt man einen Anhaltspunkt über die Wachstumsatmung der Wurzeln unter der Annahme, daß der mikrobielle Abbau des neuen C im Wurzelraum gering ist. Diese Kenngröße stieg im Verlauf der Vegetationsperiode leicht an, was wahrscheinlich darauf zurückzuführen ist, daß neuer wurzelbürtiger Kohlenstoff zunehmend auch mikrobiell veratmet wurde. Die Unterschiede zwischen den Varianten waren gering (tendenziell leicht erhöhte Werte unter erhöhter CO_2-Konzentration), was zeigt, daß Veränderungen der Wurzelaktivität in erster Linie durch eine Zunahme der Feinwurzelbiomasse und nicht durch die Beeinflussung der spezifischen Wurzelaktivität verursacht wurden.

Literaturverzeichnis

Burke, M. K.; Raynal, D. J.; Mitchell, M. J., 1992: Soil nitrogen availability influences seasonal carbon allocation patterns in sugar maple (*Acer saccharum*). *Canadian Jounral of Forest Research* **22**, 447–456.

Dyckmans, J.; Flessa, H.; Shangguan, Z.; Beese, F., 2000a: A dual ^{13}C and ^{15}N long term labeling technique to investigate uptake and translocation of C and N in beech (*Fagus sylvatica* L.). *Isotopes in Environmental and Health Studies* **36**, 63–78.

Dyckmans, J.; Flessa, H.; Polle, A.; Beese, F., 2000b: The effect of elevated [CO_2] on uptake and allocation of ^{13}C and ^{15}N in beech (*Fagus sylvatica* L.) during leafing. *Plant Biology* **2**, 113–120.

Hendrick, R. L.; Pregitzer, K. S., 1993: The dynamics of fine root length, biomass, and nitrogen content in two northern hardwood ecosystems. *Canadian Journal of Forest Research* **23**, 2507–2520.

Horwath, W. R.; Pregitzer, K. S.; Paul, E. A., 1994: ^{14}C allocation in tree-soil systems. *Tree Physiology* **14**, 1163–1176.

Van den Driessche, R., 1987: Importance of current photosynthate to new root growth in planted conifer seedlings. *Canadian Journal of Forest Research* **17**, 776–782.

Vivin, P.; Guehl, J. M.; Clement, A. M.; Aussenac, G., 1996: The effects of elevated CO_2 and water stress on whole plant CO_2 exchange, carbon allocation and osmoregulation in oak seedlings. *Annales des Sciences Forestières* **53**, 447–459.

Wendler, R.; Millard, P., 1996: Impacts of water an nitrogen supplies on the physiology, leaf demography an nitrogen dynamics of *Betula pendula*. *Tree Physiology* **16**, 153–159.

Physiologie und Funktion von Pflanzenwurzeln. 11. Borkheider Seminar zur Ökophysiologie des Wurzelraumes
Hrsg.: W. Merbach, L. Wittenmayer, J. Augustin
B. G. Teubner — Stuttgart · Leipzig · Wiesbaden (2001), S. 85–90

Die Bedeutung der Interaktion von Wurzelexsudaten der Ziebelbinse und Mikroorganismen unter Eisenablagerungen für die Kohlenstoffverfügbarkeit in sauren Sedimenten von Tagebaurestseen

Abad CHABBI[*] und Cornelia RUMPEL[‡]
[*]Lehrstuhl für Bodenschutz und Rekultivierung, Brandenburgische Technische Universität Cottbus, Postfach 10 13 44, D-03013 Cottbus; [‡]Lehrstuhl für Bodenkunde, Technische Universität München, D-85350 Freising–Weihenstephan

Abstract

Bulbous rush (*Juncus bulbosus* L.) is a pioneer species in highly acidic mining lakes (pH 2.5...3.0) of the Lusatian mining district in the eastern part of Germany. These areas are known to be extremely low in inorganic carbon. The objective of this work was to determine if roots of bulbous rush with iron plaque formation acquire higher concentration of carbon for photosynthesis than roots without iron plaque. Microscopic examination of the microbial component in root with iron plaque, levels of organic exudates, stable carbon isotopes and biomass production were measured to test this hypothesis. The roots contain iron plaques surrounding a rhizobacterial community and an interstitial space with a chemical composition differing widely from lake waters and pore-water sediments. The rates of exudation release by roots without iron plaque was minute but important to an estimation of the turnovers rates of dissolved organic carbon under the plaque. This protective environment allows for bacterial rapid recycling of carbon exuded by roots back to the plant. Thus, dissolved inorganic carbon in the root-plaque interstitial space is higher than in the surrounding water and the por—water sediments. The differences in the δ^{13}C and biomass production among plants with and without iron plaque suggests that iron plaque and presumably the microscale phenomena may be important in allowing bulbous rush to maintain a positive carbon balance in the low carbon environment of acidic mining lakes.

Einleitung

Im Lausitzer Braunkohlerevier verblieben nach dem Tagebau mehr als hundert extrem saure Restseen unterschiedlicher Größe. Wasser und Sedimente dieser Seen haben pH-Werte zwischen 2,5 und 3,5. In ihnen liegt gelöstes Eisen, Mangan und

Aluminium in Konzentrationen vor, die toxisch für die meisten Pfanzenarten sind (CHABBI *et al.* 1998). Trotz dieser Extrembedingungen ist die Zwiebelbinse (*Juncus bulbosus*) als Pionier im Litoral dieser Seen zu finden. *Juncus bulbosus* ist in der Lage, durch spezielle ökophysiologische Anpassung die toxische Wirkung der gelösten Komponenten zu umgehen (CHABBI 1999a,b).

Ein weiterer limitierender Faktor für das Pflanzenwachstum und die Produktivität dieser Seen sind die sehr geringen Konzentrationen von gelöstem anorganischem Kohlenstoff (DIC), die in Konzentrationen kleiner 42 µmol/l vorliegen (NIXDORF *et al.* 1998). Durch mikrobielle Aktivität im Sediment produziertes DIC wird schnell an die Atmosphäre abgegeben (KAPFER 1998). *Juncus bulbosus* hat ausgedehnte Eisenablagerungen, die seine Wurzel umgeben, die den Eintritt phytotoxischer Elemente in die Wurzel verhindern (CHABBI *et al.* 1998, CHABBI 1999a,c). In dieser Arbeit untersuchten wir die mikrobiellen Komponenten im Zwischenraum zwischen Wurzel und Eisenplatte mikroskopisch. Außerdem wurde die chemische Zusammensetzung der Wurzelexsudate charakterisiert. Mit stabilen Kohlenstoffisotopen untersuchten wir weiterhin die Kohlenstoffassimilation durch die Pflanze. Das Ziel der Arbeit war festzustellen, ob es eine Interaktion zwischen den Wurzelexsudaten und den Mikroorganismen unter den Eisenablagerungen gibt, die der Pflanze als Kohlenstoffquelle dienen könnte.

Material und Methoden

Am 25. Juli 1999 wurden drei Proben lebender Wurzeln von untergetauchten *Juncus-bulbosus*-Pflanzen mit und ohne Eisenablagerungen vom Tagebaurestloch *108*, *109* und vom *Senftenberger See* in 30...40 cm Sedimenttiefe gesammelt. Alle Proben wurden vorsichtig behandelt, um sowohl Wurzeln als auch Sediment intakt zu lassen. Die Proben wurden in Plastiktüten ins Labor gebracht und noch am gleichen Tag aufbereitet. Die Biomasse der Pflanzen von Wurzeln mit und ohne Eisenablagerungen wurde im Frühling und Sommer 1999 an jedem See in 25 × 25 cm-Quadraten geerntet. Das Material wurde 48 h bei 60 °C getrocknet.

Frische Pflanzenwurzeln mit Eisenablagerungen wurden vorsichtig vom Sediment getrennt und anschließend fixiert, mit Kohlenstoff überzogen und elektronenmikroskopisch mit einem *Zeiss DSM 962*, Fa. *Zeiss*, Jena, untersucht. Dieses Mikroskop wurde mit einem BSE und EDX-Detektor betrieben.

Frische Pflanzenwurzeln mit Eisenablagerungen und Sedimente wurden getrennt in einer Kühlzentrifuge bei 4 °C und 12000 U/min für 1,3 h zentrifugiert. Weiterhin wurde ein zweiter Teil der Probe in 300 ml destilliertem Wasser in einem Inkubationsschrank bei 25 °C während einer Stunde inkubiert, um Wurzelexsudate zu gewinnen. Als Kontrolle wurden Wasserproben gesammelt und sofort durch einen 45 µm-Filter filtriert. Die organischen Substanzen im Überstand der beiden Wurzelproben sowie das Seewasser wurden mit einem *Gynkotek* HPLC/*VG*-Quattro LCMS/MS auf den Gehalt sowie die chemische Zusammensetzung des gelösten Kohlenstoffs (DOC) analysiert.

Anorganischer Kohlenstoff wurde nach Subtraktion zweier Messungen mit einem *Schimadzu* TOC 5000 Analysator bestimmt. Die Analyse der stabilen Kohlenstoffisotope erfolgte nach Verbrennung in einem *VG MM 903/602* Kohlenstoffisotopen Massenspektrometer. Das $^{12}C/^{13}C$-Verhältnis wurde relativ zum PDB-Standard als $\delta^{13}C$ angegeben.

Ergebnisse und Diskussion

Eine mikroskopische Aufnahme der Wurzeln von *Juncus bulbosus* zeigt, daß ausgedehnte Eisenablagerungen um die Wurzel gebildet werden können (Abb. 1). Diese Ablagerungen entstehen an der Wurzeloberfläche durch die Oxidation von Eisen im Sediment (CHABBI *et al.* 1998). Eine Untersuchung der Wurzelkanäle zeigte, daß Quarz und Eisenoxide, vor allem Geothit, die Wurzeln bedecken (CHABBI 1999a).

Die elektronenmikroskopische Untersuchung des Freiraumes zwischen Wurzel und Eisenablagerungen ließ die Anwesenheit von Mikroorganismen erkennen (Abb. 2). Bei diesen Bakterien handelt es sich um wahre Rhizobakterien anstatt Fe-assoziierter Bakterien (BROCK und GUSTAFSON 1976), die nur in geringem Umfang an kristallinem Goethit vorkommen (RODEN und WETZEL 1996). Wurzeln mit

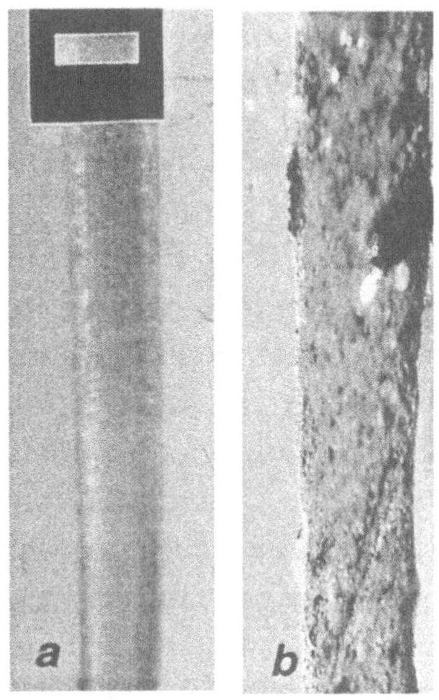

Abb. 1. Wurzel ohne Eisenablagerungen (a) und Wurzel mit Eisenablagerungen (b).

Eisenablagerungen und vermutlich der interstitiale Raum zeigten höhere Konzentrationen an Malat, Citrat, Glucose und Glycin als im Seewasser oder Sediment gefunden wurde (***P < 0,001, Tab. 1). Dies bestätigt die Annahme, daß Rhizobakterien im Zwischenraum von Eisenablagerungen und Wurzel vorhanden sind. Die geringe Menge an organischem Material im Sediment führt zum Fehlen einer mikrobiellen Population.

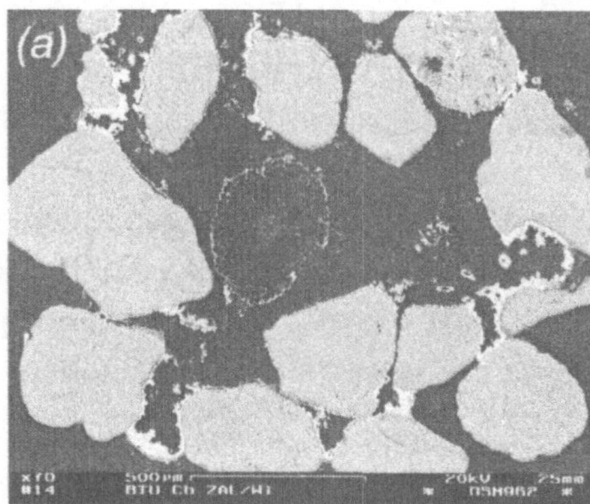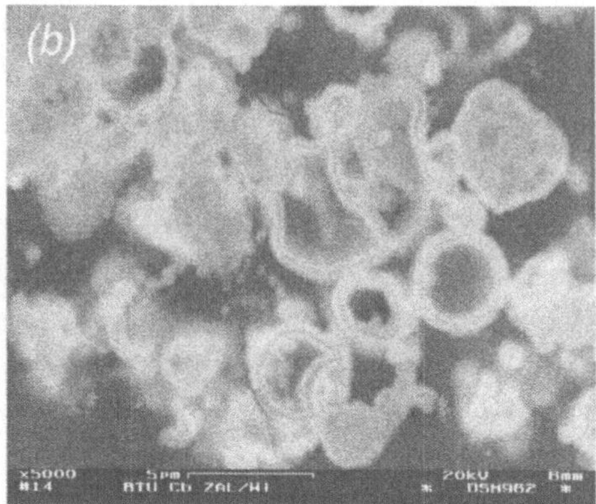

Abb. 2. Elektronenmikroskopische Aufnahme des Zwischenraums zwischen Wurzel und Sediment (a) und von den Mikroorganismen in diesem Zwischenraum (b).

Die Gesamtmenge an DOC wurde mit 7,87 µmol/g FM unter der Ablagerung und 1,90 µmol/(h · g FM) im Inkubationsexperiment ermittelt. Mit den Ergebnissen des Inkubationsexperimentes konnte nun die Verweilzeit des DOC ermittelt werden. Diese betrug vier Stunden. Hieraus ergab sich eine Umsatzrate von 0,25 h^{-1}. Diese Daten lassen auf eine schnelle Umsetzung der freigesetzten Wurzelexsudate schließen. Der zu CO_2 umgewandelte Kohlenstoff steht in Folge wieder der Pflanze zur Verfügung und kann als Quelle für die Photosynthese dienen.

Die DIC-Konzentrationen im Seewasser und Porenwasser der Sedimente waren extrem gering, und es wurden keine Unterschiede zwischen den Seen gefunden (Tab. 2). SIMENSTAD *et al.* (1993) zeigte eine zusätzliche CO_2-Verarmung in der unmittelbaren Umgebung der Pflanzenwurzeln. Folglich besteht kein Zweifel, daß *Juncus bulbosus* tatsächlich auf eine zusätzliche Kohlenstoffquelle für die Photosynthese angewiesen ist.

Tab. 1. Konzentrationen an gelöstem Kohlenstoff (DOC) unter den Eisenablagerungen (+Fe) [µmol/g FM] und während der Inkubation freigesetztes DOC von Wurzeln ohne Eisenablagerungen (–Fe) [µmol/(h · g FM)]. Dargestellt sind die Mittelwerte ± Standardabweichung (n = 3).

	Wurzeln	
	+Fe	–Fe
Citrat	1,83 ± 0,25	0,43 ± 0,13
Malat	2,63 ± 0,44	0,60 ± 0,22
Glucose	2,26 ± 0,51	0,54 ± 0,11
Glycin	1,15 ± 0,16	0,33 ± 0,17
$\sum$ DOC	7,87 ± 1,36	1,90 ± 0,63

Tab. 2. Gelöster anorganischer Kohlenstoff (DIC) im Seewasser und Porenwasser der Sedimente. Dargestellt sind die Mittelwerte ± Standardabweichung ($n = 3$).

	DIC [µmol/l]	
	Seewasser	Porenwasser
Restloch *108*	35,8 ± 3,5	42,5 ± 12,5
Restloch *109*	32,5 ± 2,3	52,5 ± 9,2
Senftenberger See	27,6 ± 2,7	48,3 ± 10,1

Tab. 3. Verhältnis der stabilen Kohlenstoffisotope ($\delta^{13}C$) von *Juncus-bulbosus*-Pflanzensprossen aus Wurzeln mit (+Fe) und ohne (–Fe) Eisenablagerungen. Darstellung wie in Tab. 2 ($n = 3$).

	Pflanzensprosse	
	+Fe	–Fe
Restloch *108*	–33,4 ± 0,1	–25,4 ± 0,2
Restloch *109*	–33,2 ± 0,2	–24,2 ± 0,2
Senftenberger See	–31,9 ± 0,1	–26,1 ± 0,3

Die Ergebnisse der Messung des $\delta^{13}C$-Verhältnisses zeigen, daß die Pflanzensprosse aus Wurzeln mit Eisenablagerungen ein um sechs bis neun Delta-Einheiten geringeres Verhältnis aufwiesen als Pflanzensprosse aus Wurzeln ohne Eisenablagerungen (Tab. 3). Dies wurde unabhängig vom beprobten See ermittelt.

Das $\delta^{13}C$-Verhältnis eines Pflanzensprosses ist abhängig von der Kohlenstoffquelle für die Photosynthese (MACMILLAN und SMITH 1982, RAVEN und FARQUHAR 1990). In den extrem sauren Tagebaurestseen kann Carbonat-Kohlenstoff nicht die Ursache für die Unterschiede im $\delta^{13}C$ sein. Die einzige Erklärung für die negativen Werte des $\delta^{13}C$ der Pflanzen aus Wurzeln mit Eisenablagerungen ist der rasche Umsatz und die Wiederverwertung des exsudierten Kohlenstoffs. Die Biomasseproduktion der Pflanzen aus Wurzeln mit

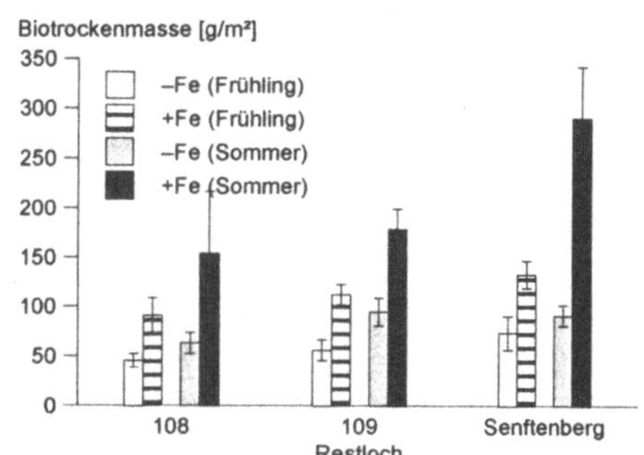

Abb. 3. Biomasseproduktion aus Wurzeln mit Eisenablagerungen und Wurzeln ohne Eisenablagerungen.

Eisenablagerungen (Abb. 3) war zwei- bis dreimal höher als die der Pflanzen aus Wurzeln ohne Eisenablagerungen (***P < 0,001). Eine höhere Biomasseproduktion verdeutlicht noch einmal die bessere Verfügbarkeit von Kohlenstoff für die Photosynthese von Pflanzen aus Wurzeln mit Eisenablagerungen und zeigt, wie wichtig die Wiederverwertung von durch die Wurzeln ausgeschiedenen Exsudaten nach mikrobiellem Umsatz als Mechanismus für das Wachstum der Pflanze ist.

Literaturverzeichnis

BROCK, T. D.; GUSTAFSON, J., 1976: Ferric iron reduction by sulphur- and iron-oxidising bacteria. *Applied Environmental Microbiology* **32**, 567–571.

CHABBI, A.; PIETSCH, W.; WIEHE, W.; HÜTTL, R. F., 1998: *Juncus bulbosus* L.: Strategies of survival under extreme phytotoxic conditions in acid mine lakes in the Lusatian mining district, Germany. *International Journal of Ecology and Environmental Science* **24**, 271–292.

CHABBI, A., 1999a: *Juncus bulbosus* as a pioneer species in acidic lignite mining lakes: interactions, mechanism and survival strategies. *New Phytologist* **144**, 133–142.

CHABBI, A., 1999b: Redox-Vorgänge in litoralen Sedimenten in Wechselwirkung mit dem Wachstum und der Entwicklung von Makrophyten der Erstbesiedlungsvegetation am Beispiel von *Juncus bulbosus* L. In: G. Wiegleb, U. Bröring, K. Mrzljak, F. Schultz (Hrsg.). *Naturschutz in Bergbaufolgelandschaften: Landschaftsanalyse und Leitbildentwicklung.* Heidelberg: Springer, 331–360.

CHABBI, A. 1999c: Plant—microbe interactions in extreme environments of lignite mining lakes. In: H. Ármannsson (ed.). *Geochemistry of the Earth's Surface. Proceedings of the 5th International Symposium on Geochemistry of the Earth's Surface. Reykjavik Iceland, August 15-20, 1999.* Rotterdam, Brookfield: A. A. Balkema, 157–161.

KAPFER, M., 1998: Assessment of colonization and primary production of microphytobentos in the littoral of acidic mining lakes in Lusatia, Germany. *Water, Air, and Soil Pollution* **108**, 331–340.

McMILLAN, C.; SMITH, B. N., 1982: Comparison of δ^{13}C values for seagrasses in experimental cultures and in natural habitats. *Aquatic Botany* **14**, 381–387.

NIXDORF, B.; MISCHKE, U.; LESSMANN, D., 1998: Chrysophytes and chlamydomonads: Pioneer colonists in extremely acidic mining lakes (pH < 3) in Lusatia (Germany). *Hydrobiologia* **369/370**, 315–327.

RODEN, E. R.; WETZEL, R. G., 1996: Organic carbon oxidation and suppression of methane production by microbial Fe(III) oxide reduction in vegetated and unvegetated freshwater wetland sediments. *Limnology and Oceanography* **41**, 1733–1748.

RAVEN, J. A.; FARQUHAR, G. D., 1990: The influence of N metabolism and organic acid synthesis on the natural abundance of isotopes of carbon in plants. *New Phytologist* **116**, 505–529.

SIMENSTAD, C. A.; DUGGINS, D. O.; QUAY, P. D., 1993: High turnover of inorganic carbon in kelp habitats as a cause of δ^{13}C variability in marine food webs. *Marine Biology* **116**, 147–160.

4

Mechanismen der Wurzelabscheidung

Physiologie und Funktion von Pflanzenwurzeln. 11. Borkheider Seminar zur Ökophysiologie des Wurzelraumes
Hrsg.: W. Merbach, L. Wittenmayer, J. Augustin
B. G. Teubner — Stuttgart · Leipzig · Wiesbaden (2001), S. 93–98

Biochemische Untersuchungen zur Protonenabscheidung von Proteoidwurzeln der Weißlupine

Caroline MÜLLER, Yiyong ZHU, Feng YAN und Sven SCHUBERT
Institut für Pflanzenernährung, Interdisziplinäres Forschungszentrum für biowissenschaftliche Grundlagen der Umweltsicherung, Justus-Liebig-Universität, Heinrich-Buff-Ring 26–32, D-35392 Gießen

Abstract

White lupin is able to develop proteoid roots in the course of a morphological and physiological adaptation to phosphorus deficiency in soil. These proteoid roots may release large amounts of organic acid, acid phosphatase, and phenolic substances to mobilize the insoluble phosphorus in the rhizosphere. An agar technique with bromocresol purple as pH indicator has shown a strong acidification of the rhizosphere around proteoid roots of white lupin. Due to high cytosolic pH the organic acids may only be released as anions and therefore a second transport systems for the efflux of H^+ has to be postulated. Proton release out of plant cells results from the activity of plasma membrane H^+ ATPase. This enzyme acts as a primary transporter by pumping protons out of the cell, thereby creating pH and electric potential differences across the plasmalemma. The proton-motive force created by H^+ ATPase may be involved in the efflux of the organic anions. Therefore, the adaptation of plasma membrane H^+ ATPase in proteoid roots to P deficiency may be a prerequisite for the synthesis and release of organic acids. In our study, white lupin (*Lupinus albus* L.) was grown under P deficiency conditions in a nutrient solution for four weeks. Plasma membrane of active proteoid roots was isolated by means of two-phase partitioning in aqueous dextran T-500 and PEG-3350.
In comparison to the laterals of P sufficient plants, the plasma membrane H^+ ATPase of proteoid roots induced by P deficiency showed an increase in catalytic activity, a more acidic pH optimum, an increase in V_{max}, unchanged K_m, lower activation energy and higher H^+ pumping activity.

Einleitung

Die Weißlupine hat bezüglich der Phosphat-Mobilisierung und der Nutzung spärlich vorhandener P-Vorkommen im Boden ein effizientes System entwickelt. Diese

Effizienz wird nicht auf eine hohe Wurzelwachstumsrate oder eine Mykorrhiza-Assoziation zurückgeführt, sondern auf die Ausbildung sogenannter Proteoidwurzeln. Diese ermöglichen die chemische Mobilisierung schwer verfügbarer P-Vorkommen in der Rhizosphäre (NEUMANN *et al.* 2000). Proteoidwurzeln stellen flaschenbürstenartige Wurzelcluster dar, welche sich unter P-Mangel entlang Seitenwurzeln erster oder höherer Ordnung ausbilden (DINKELAKER *et al.* 1995). Die Wurzeloberfläche der Proteoidwurzeln wird durch eine große Clusterwurzeldichte und der Ausbildung feiner Wurzelhaare stark erhöht, was einen verstärkten lokalen Effekt auf das umgebende Wurzelmedium ermöglicht (DINKELAKER *et al.* 1989, 1995). Die Mobilisierung des in der Rhizosphäre vorhandenen Phosphates wird durch die Abscheidung phenolischer Substanzen und organischer Säuren, insbesondere Citronen- und Äpfelsäure, die Ansäuerung des Bodenmediums und die Erhöhung der Aktivität des Enzyms saure Phospatase ermöglicht (DINKELAKER *et al.* 1995, GILBERT *et al.* 2000, NEUMANN *et al.* 2000). Bisher sind die Mechanismen der Abgabe organischer Säuren noch nicht vollständig aufgeklärt. Aufgrund des hohen cytosolischen pH-Wertes von 7,0...7,5 ist eine Abgabe dieser Säuren nur als Anionen möglich, und daher muß das Vorhandensein eines zweiten Transportsystems für die Ausscheidung der Protonen postuliert werden. Im allgemeinen resultiert die Protonenabgabe aus Pflanzenzellen aus der Aktivität der Plasmalemma-H^+-ATPase. Von dem Enzym ist bekannt, daß es auf eine Anzahl verschiedener Umweltfaktoren, wie zum Beispiel Nährstoffverfügbarkeit, reagiert (YAN *et al.* 1998). Indem die H^+-ATPase als primärer Transporter Protonen aus der Pflanzenzelle herauspumpt, wird ein elektrochemischer Gradient über das Plasmalemma aufgebaut (SZE *et al.* 1999). Die durch die Plasmalemma-H^+-ATPase hervorgebrachte elektromotorische Kraft könnte mit der Abgabe organischer Säuren gekoppelt sein. Insofern wäre es möglich, daß die Adaption der Plasmalemma-H^+-ATPase in Proteoidwurzelmembranen an P-Mangel eine Voraussetzung für die Synthese und Abgabe organischer Säuren darstellt. In der vorliegenden Arbeit wurden biochemische Untersuchungen zur Protonenabscheidung von Proteoidwurzeln der Weißlupine durchgeführt, um Einblick in den Adaptionsmechanismus der Plasmalemma-H^+-ATPase an P-Mangel erhalten zu können.

Material und Methoden

Weißlupine (*Lupinus albus* L., cv. ‚Amiga') wurde für vier Wochen einerseits unter P-Mangelbedingugen und andererseits unter optimalen Nährstoffverhältnissen in Hydrokultur herangezogen. Nach der Ernte wurden Plasmamembranen von aktiven Proteoidwurzeln und Seitenwurzeln erster Ordnung der Kontrollpflanzen mittels Zwei-Phasen-Trennung in wäßrigem Dextran T-500 und PEG-3350 isoliert (SANDELIUS und MORRÉ 1990). Das im Plasmalemma lokalisierte Enzym H^+-ATPase, welches auch das Untersuchungsobjekt dieser Arbeit darstellt, wurde als Marker-Enzym zur Charakterisierung der isolierten Membranfraktion genutzt. Mit spezifischen H^+-ATPase-Inhibitoren konnten Kontaminationen mit anderen Membranen, welche ebenfalls verschiedene Phosphohydrolasen enthalten, festgestellt werden. Es ergab sich eine Reinheit von über 90 % Plasmalemma in den Membranfraktionen. Weitere Messungen zur Charakterisierung der Plasmalemma-H^+-ATPase der Kontroll- und Proteoidwurzeln beinhalteten sowohl die Ermittlung des pH-Optimums des Enzyms beider Ernährungsvarianten als auch die Herausarbeitung eventueller Unterschiede bezüglich der kinetischen Eigenschaften der Plasmalemma-H^+-ATPase. Die Messung der hydrolytischen ATPase-Aktivität beruhte auf der kolorimetrischen Bestimmung des von diesem Enzym freigesetzten Phosphats während eines bestimmten Zeitraums. $MgSO_4$ und Na_2ATP in der Reaktionslösung stellten das als Substrat benötigte MgATP bereit. Die Angabe der ATPase-Aktivität erfolgte schließlich in μmol P_{an}/(mg Protein · min). Das pH-Optimum wurde unter Verwendung acht verschiedener Pufferlösungen gleicher Zusammensetzung mit pH-Werten von 5,6 bis 7,0 ermittelt. Für die Bestimmung der Plasmalemma-H^+-ATPase-Aktivität wurde ein Enzyminhibitorenkomplex, bestehend aus 357,14 mM KNO_3, 7,14 mM $NaNO_3$ und 7,14 mM Na_2MoO_4 · 2 H_2O, eingesetzt, so daß schließlich die Vanadat-empfindliche ATPase-Aktivität durch die Messung der Lichtabsorption bei 820 nm im Spektralphotometer ermittelt werden konnte. Durch Messung der Vanadat-empfindlichen ATPase-Aktivität bei variierenden Substratkonzentrationen (ATP) und der zugrundeliegenden Michaelis-Menten-Abhängigkeit ließen sich K_m und V_{max} der Plasmalemma-H^+-ATPase ermitteln.

Die Aktivierungsenergien der Enzyme beider Ernährungsvarianten wurden durch Einsetzen der ermittelten V_{max}-Werte bei zwei Temperaturen (25 und 30°C) in einer abgeleiteten Form der Arrhenius-Gleichung berechnet (MOORE und HUMMEL 1986).

Die Messung des pH-Gradienten zwischen isolierten Plasmalemma-Vesikeln und Medium beruhte auf der Reaktion des hydrophoben Farbstoffs *Acridin Orange*. Im protonierten Zustand wird die schwache Base am Membrandurchtritt gehindert, und es kommt zu einer Akkumulation des Farbstoffs in den Vesikeln. Die Absorptionsabnahme wurde spektralphotometrisch gemessen (FORTMEIER 2000).

Ergebnisse und Diskussion

Intakte Proteoidwurzeln, die von Weißlupinen unter P-Mangelbedingungen ausgebildet wurden, zeigten mit Hilfe einer Agar-Technik, welche *Bromkresol-Purpur* als *p*H-Indikator enthielt, eine starke Ansäuerung der Rhizosphäre. Dieser Effekt konnte durch Zugabe von 1 mM Na_3VO_4, einem Inhibitor der Plasmalemma-ATPase, völlig unterdrückt werden. Aufgrund dieser Tatsache kann man mit großer Sicherheit davon ausgehen, daß die Plasmalemma-H^+-ATPase in die Adaptionsmechanismen der Weißlupine an P-Mangel involviert ist.

Die Untersuchungen an den isolierten Membransuspensionen ergaben im Vergleich zu den Seitenwurzeln der Kontrollpflanzen einen signifikanten Anstieg der hydrolytischen Aktivität der H^+-ATPase in der Proteoidwurzelsuspension und eine Verschiebung des *p*H-Optimums von *p*H 6,4 (Kontrolle) zu *p*H 6,0 (Abb. 1).

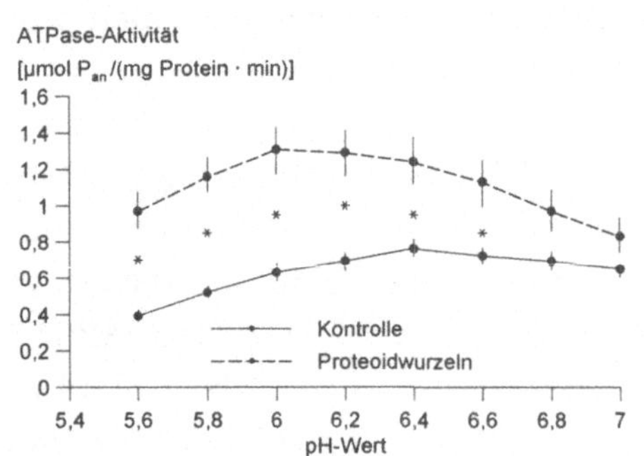

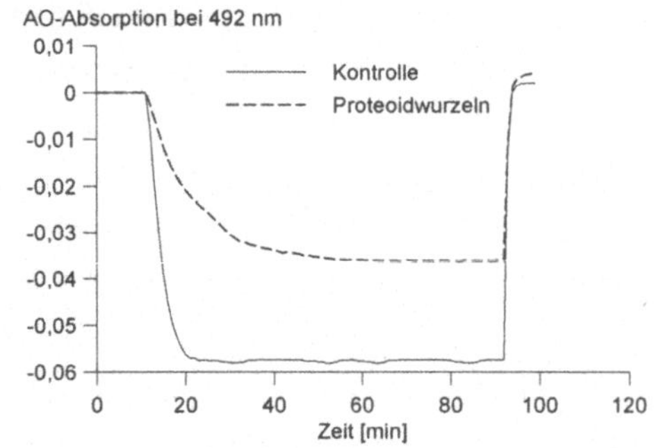

Abb. 1. Effekt des *p*H-Wertes im Reaktionsansatz auf die Aktivität der Plasmalemma-H^+-ATPase. * — signifikanter Unterschied bei P < 0,05.

Abb. 2. H^+-Transport an isolierten Membranvisikeln der Kontroll- und Proteoidwurzeln. Die Veränderung des *p*H-Gradienten am Plasmalemma wurde mittels *Acredin Orange*-Absorption bei 492 nm untersucht.

Die Untersuchung der H^+-Transporteigenschaft der im Plasmalemma lokalisierten H^+-ATPase ergab in Bezug auf das isolierte Plasmalemma der Proteoidwurzeln einen höheren *p*H-Gradienten als an den Vesikeln der Kontrollwurzelsuspension (Abb. 2). Dies läßt auf eine höhere Pump-Aktiviät der H^+-ATPase der an P-Mangel adaptierten Proteoidwurzeln schließen.

Analysen bezüglich der kinetischen Charakteristika des Enzyms ergaben im Vergleich zu der Plasmalemma H^+-ATPase der Kontrollpflanzen einen erhöhten V_{max}-Wert, aber unveränderten Wert für K_m (Abb. 3 und Tab. 1). Die höhere hydrolytische Aktivität der Plasmalemma-H^+-ATPase der Proteoidwurzeln kann entweder auf eine größere Anzahl an Enzymmolekülen pro Membraneinheit oder eine effizientere ATP-Hydrolyse des adaptierten Enzyms zurückgeführt werden.

Aus diesem Grund wurden die Aktivierungsenergien der Plasmalemma-ATPasen beider Ernährungsvarianten aus einer abgeleiteten Form der Arrhenius-Gleichung berechnet. Daraus resultierend ergab sich eine geringere Aktivierungsenergie der Plasmalemma-H$^+$-ATPase der an P-Mangel adaptierten Proteoidwurzeln im Vergleich zum Enzym der Kontrollwurzeln (Abb. 4). Dies weist darauf hin, daß die adaptierte ATPase eine höhere katalytische Effizienz im Gegensatz zum Enzym der Kontrollwurzeln entwickelt hat.

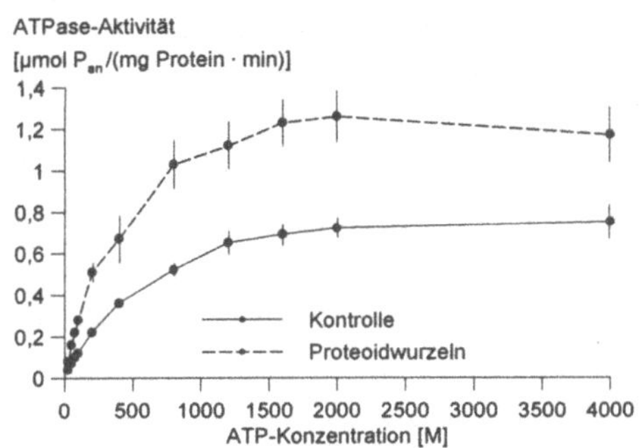

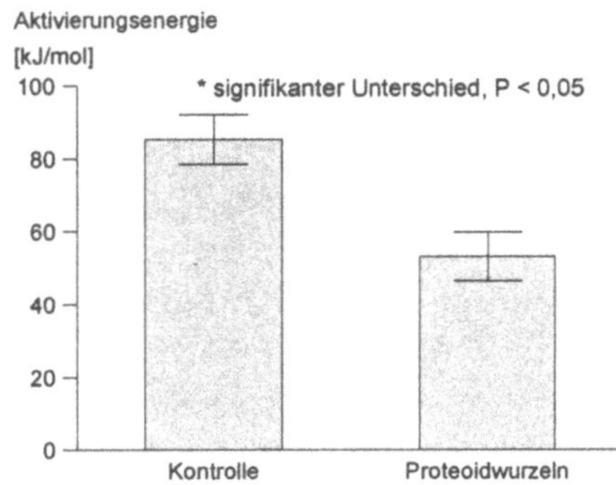

Abb. 3. Vanadatsensitive ATPase-Aktivität im Plasmalemma der Kontroll- und Proteoidwurzeln bei verschiedenen Substratkonzentrationen.

Abb. 4. Aktivierungsenergie der Plasmalemma-H$^+$-ATPase von Kontroll- und Proteoidwurzeln der Weißlupine.

Tab. 1. Enzymkinetik der Plasmalemma-H$^+$-ATPase von Kontroll- und Proteoidwurzeln der Weißlupine.

	K_m [µM]		V_{max} [µmol P$_{an}$/(mg · min)]	
	25 °C	30 °C	25 °C	30 °C
Kontrollwurzeln	459 ± 48	450 ± 28	0,42 ± 0,01a	0,75 ± 0,05a
Proteoidwurzeln	428 ± 35	407 ± 39	1,00 ± 0,09b	1,45 ± 0,20b

Schlußfolgernd läßt sich sagen, daß die starke Ansäuerung der Rhizosphäre von Proteoidwurzeln der Weißlupine auf eine höhere Aktivität der Plasmalemma-H$^+$-ATPase zurückzuführen ist. Darüber hinaus zeigte das an P-Mangel adaptierte Enzym eine höhere Effizienz in der Hydrolyse von ATP und im H$^+$-Transport.

Literaturverzeichnis

DINKELAKER, B.; RÖMHELD, V.; MARSCHNER, H., 1989: Citric acid excretion and precipitation of calcium citrate in the rhizosphere of white lupin (*Lupinus albus* L.). *Plant, Cell and Environment* **12**, 285–292.

DINKELAKER, B.; HENGELER, C.; MARSCHNER, H., 1995: Distribution and function of proteoid roots and other root clusters. *Botanica Acta* **108**, 183–200.

FORTMEIER, H., 2000: Na^+/H^+-Antiport in Maiswurzeln? *In vitro*-Untersuchungen zum Mechanismus des aktiven Na^+-Transports am Plasmalemma von Maiswurzelzellen (*Zea mays* L.). Dissertation Fachbereich Agrarwissenschaften, Ökotrophologie und Umweltmanagement der Justus-Liebig-Universität Gießen.

GILBERT, G. A.; KNIGHT, J. D.; VANCE, C. P.; ALLAN, C. L., 2000: Proteoid root development of phosphorus deficient lupin is mimicked by auxin and phosphonate. *Annals of Botany* **85**, 921–928.

HORST, W. J.; WASCHKIES, C., 1987: Phosphatversorgung von Sommerweizen (*Triticum aestivum* L.) in Mischkultur mit Weißer Lupine (*Lupinus albus* L.). *Zeitschrift für Pflanzenernährung und Bodenkunde* **150**, 1–8.

MOORE, W. J.; HUMMEL, D. O., 1986: *Physikalische Chemie* — 4. Auflage. Berlin: Walter de Gruyter.

NEUMANN, G.; MASSONNEAU, A.; LANGLADE, N.; DINKELAKER, B.; HENGELER, C.; RÖMHELD, V.; MARTINOIA, E., 2000: Physiological aspects of cluster root function and development in phosphorus-deficient white lupin (*Lupinus albus* L.). *Annals of Botany* **85**, 909–919.

SANDELIUS, A. S.; MORRÉ, D. J., 1990: Plasma membrane isolation. In: C. Larsson, I. M. Møller (Hrsg.) *The Plant Plasma Membrane*. Berlin, Heidelberg, New York, Tokio: Springer, 44–75.

SZE, H.; LI, X.; PALMGREN, M. G., 1999: Energization of plant cell membranes by H^+-pumping ATPases: regulation and biosynthesis. *The Plant Cell* **11**, 677–689.

YAN, F.; FEUERLE, R.; SCHÄFFER, S.; FORTMEIER, H.; SCHUBERT, S., 1998: Adaptation of active proton pumping and plasmalemma ATPase activity of corn roots to low root medium pH. *Plant Physiology* **117**, 311–319.

Physiologie und Funktion von Pflanzenwurzeln. 11. Borkheider Seminar zur Ökophysiologie des Wurzelraumes
Hrsg.: W. Merbach, L. Wittenmayer, J. Augustin
B. G. Teubner — Stuttgart · Leipzig · Wiesbaden (2001), S. 99–105

Verwendung von Plasmamembranvesikeln für die Untersuchung der P-Mangel-induzierten Citratabgabe aus Proteoidwurzeln der Weißlupine

Angelika KANIA*, Günter NEUMANN*, Stefano CESCO[‡], Roberto PINTON[‡] und Volker RÖMHELD*

*Institut für Pflanzenernährung, Universität Hohenheim, Fruwirthstraße 20, D-70593 Stuttgart; [‡]Dipartimento di Produzione Vegetale Tecnologie Agrarie, Università di Udine, I-33100 Udine (Italien)

Abstract

The release of high amounts of citrate and protons confined to proteoid roots of P deficient white lupin is an efficient strategy for mobilization of sparingly soluble P forms in soils. A membrane physiological approach was employed to study transport mechanisms involved in citrate exudation by use of highly purified root plasma membrane (PM) vesicles. Exogenous application of citric acid-BTP (pH 6.5) to root PM vesicles stimulated H^+-ATPase activity at low concentrations of 100... 250 µM, but strong inhibition occurred at concentration levels > 2 mM, which could not be attributed to Mg^{2+} complexation by citrate. No such effects were observed by malate application. Accordingly, the application of 5 mM citrate diminished intravesicular H^+ accumulation, detected with the pH probe acridine orange, whereas proton influx was increased by application of 5 mM malate. Lower citrate concentrations (2 mM) stimulated PM vesicle acidification even in the absence of ATP, which was further enhanced by the addition of Mg-ATP, and particularly expressed in PM vesicles isolated from roots of P-deficient plants. Accordingly ^{14}C citrate was taken up at higher rates into root-PM vesicles of P-starved white lupin compared with vesicles of P-sufficient control plants.

The results provide evidence for a carboxylate transport mechanism, which is predominantly expressed in roots of P-deficient plants, and linked with PM-bound H^+-ATPase activity. Citrate at cytosolic concentration levels differentially impacts on the activity of root-PM H^+-ATPase, suggesting mutual interactions between organic acid metabolism, PM H^+-ATPase and carboxylate exudation in roots of P-deficient white lupin.

Einleitung

Weißlupine (*Lupinus albus* L.) gehört zu den Pflanzenarten mit einer besonders stark ausgeprägten Phosphatmobilisierungseffizienz. Unter P-Mangelbedingungen ermöglicht die Ausbildung kurzer, clusterförmiger Seitenwurzeln mit dichtem Wurzelhaarbesatz (Proteoidwurzeln) die konzentrierte Abgabe P-mobilisierender Wurzelexsudate. Die Intensität der Abgabe scheint eng mit bestimmten Entwicklungsstadien individueller Proteoidwurzeln verbunden zu sein. Besonders hohe Abgaberaten wurden in gerade voll entwickelten Proteoidwurzeln gefunden (NEUMANN *et al.* 1999). Die Zusammensetzung und Menge der Exsudate (Citrat, Malat, Protonen, Phenole, Phosphatasen) ist geeignet, eine signifikante Mobilisierung schwerverfügbarer P-Formen im Rhizosphärenboden (Fe-, Al-, Ca-Phosphate, organisch gebundenes Phosphat) zu vermitteln (DINKELAKER *et al.* 1989; GERKE *et al.* 1994, NEUMANN *et al.* 2000). Während stoffwechselphysiologische Veränderungen, die mit der verstärkten Exsudation im Zusammenhang stehen, in den letzten Jahren Gegenstand intensiver Untersuchungen waren (Review bei NEUMANN *et al.* 2000), ist über die Transportmechanismen im engeren Sinne noch wenig bekannt. Da Citrat im Cytosol aufgrund des cytosolischen pH-Wertes von 7,0...7,5 hauptsächlich in Form von $Citrat^{2-}$- und $Citrat^{3-}$-Anionen vorliegt, wird vermutet, daß die Abgabe über einen Anionenkanal thermodynamisch passiv entlang des elektrochemischen Potentialgradienten ins Außenmedium erfolgt. Zur Erhaltung des Ladungsgleichgewichts werden über eine Stimulierung der Plasmamembran (PM)-H^+-ATPase (MÜLLER *et al.* 2001) zusätzlich Protonen in das Außenmedium abgegeben, die für die pH-Absenkung in der Rhizosphäre verantwortlich sind. Die Hemmwirkung von Anionenkanalinhibitoren auf die Citratabgabe (NEUMANN *et al.* 1999) spricht für diese Hypothese. Eine genauere Charakterisierung der beteiligten Transportprozesse erfordert jedoch einen membranphysiologischen Ansatz. In der vorliegenden Arbeit sollte geprüft werden, inwieweit isolierte PM-Vesikel aus Wurzeln der Weißlupine für solche Transportstudien eingesetzt werden können.

Material und Methoden

Weißlupinen (*Lupinus albus* L. cv. ‚Amiga') wurden in Nährlösung bei optimaler P-Versorgung (250 µM H_2PO_4, +P) bzw. unter P-Mangel (keine P-Zugabe, -P) bei 25 °C und einem Tag/Nacht-Wechsel von 16/8 h bei einer Lichtintensität von 200 µE angezogen. Wurzelinduzierte pH-Wertveränderungen wurden mit Hilfe aufgelegter pH-Indikator-Agargele dargestellt (NEUMANN *et al.* 2000). Nach einer fünfwöchigen Kulturperiode wurden Wurzelexsudate nichtdestruktiv mit Hilfe aufgelegter Filterpapierstreifen gesammelt (NEUMANN *et al.* 1999) und Wurzelmaterial für die Bestimmung organischer Säuren geerntet. Organische Säuren in Wurzelexsudaten und Wurzelgewebe wurden mittels RP-HPLC (NEUMANN *et al.* 1999) bestimmt.

Die Isolation der PM-Vesikel erfolgte nach PINTON *et al.* (1999) unter Verwendung eines Saccharosegradienten von 25 und 38 % (m/m). Citrat und Malat wurden mit Bis-Tris-Propan auf *p*H 6,5 eingestellt. Die Bestimmung der Hydrolyseaktivität der PM-H$^+$-ATPase erfolgte nach PINTON *et al.* (1999) und FORBUSH (1983) mit 0,5 µg Membranprotein in 0,6 ml Testmedium und einer Reaktionszeit von 30 min. Die Reinheit der Vesikelpräparation wurde nach GALLAGHER und LEONARD (1982) geprüft. Zur Messung des ^{14}C-Citrat-Transports wurden je 1 ml Inkubationslösung mit 0,1 µCi ^{14}C-Citrat und 30 µg Vesikelprotein für 1 h inkubiert und über Nitrocellulosefilter (0,45 µm Porendurchmesser) unter Sog filtriert. Die Filter wurden dreimal nachgespült und die auf dem Filter verbliebene, in die Vesikel aufgenommene Radioaktivität mittels Szintillationsmessung bestimmt. Die intravesikuläre Protonenakkumulation wurde über die Absorptionsabnahme des *p*H-Indikators *Acridin Orange* bei 492 nm spektralphotometrisch verfolgt (PINTON *et al.* 1999).

Ergebnisse und Diskussion

Die Abgabe organischer Säuren und Protonen bei Weißlupine unter P-Mangel erfolgte hauptsächlich aus den Proteoidwurzeln, mit starken Unterschieden in Gewebekonzentration und Abgaberate in Abhängigkeit vom Wurzelalter. Die stärkste *p*H-Absenkung an der Wurzeloberfläche (*p*H 4...5) wurde in gerade ausgewachsenen Proteoidwurzeln mit hoher interner Citratkonzentration erreicht (Abb. 1), in denen auch die Citratabgabe am stärksten ausgeprägt war. Die Malatkonzentration im Gewebe nahm parallel zur Exsudation

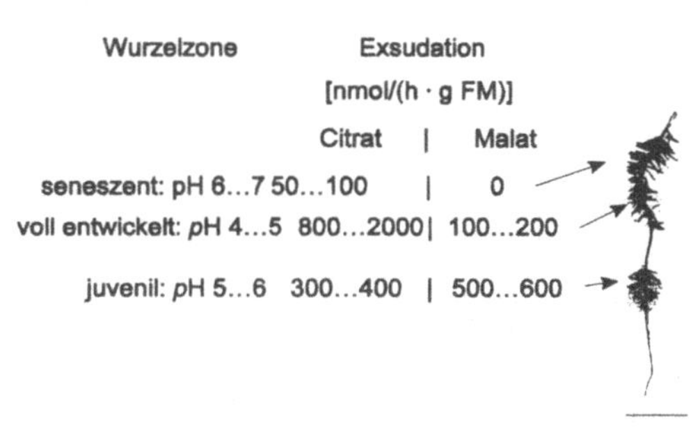

Abb. 1. Wurzelzonenspezifische Verteilung der Entwicklungsstadien und *p*H-Wertveränderungen an der Oberfläche von Proteoidwurzeln der Weißlupine unter P-Mangel (nach NEUMANN *et al.* 1999).

mit zunehmendem Alter der Proteoidwurzeln ab. Dagegen war die Citratabgabe seneszenter Proteoidwurzeln trotz hoher Gewebekonzentrationen sehr gering (Abb. 1, NEUMANN *et al.* 1999). Wiederfindungsversuche mit exogen appliziertem

Citrat ergaben keinen Hinweis auf einen Zusammenhang mit verstärktem mikrobiellen Abbau von abgegebenem Citrat in diesen älteren Wurzelbereichen. Diese Befunde zeigen, daß zumindest die Citratexsudation nicht mit einer passiven Abgabe aufgrund P-Mangel-induzierter Membranschädigung erklärbar ist und weisen auf einen kontrollierten Citratabgabemechanismus hin.

Weitere Untersuchungen erfolgten an hochgereinigten Plasmamembran-(PM)-Vesikeln, die aus Proteoidwurzel-besetzten Wurzelsystemen von P-Mangelpflanzen bzw. aus Proteoidwurzel-freien Kontrollpflanzen gewonnen wurden. PM-Vesikel, deren physiologische Innenseite nach außen gerichtet ist („inside-out"-Orientierung) ermöglichen es, die PM-H$^+$-ATPase durch Zugabe von Cofaktoren und von ATP als membranimpermeablem Substrat zu aktivieren und so ATPase-gekoppelte Transportprozesse an Membranen unter definierten Bedingungen zu untersuchen.

Die Charakterisierung der Vesikelpräparation (Tab. 1) ergab einen hohen Anteil an Vanadat-sensitiver PM-H$^+$-ATPase-Aktivität (> 95 %), was auf einen hohen PM-Anteil der Vesikelpräparation hinweist. Die „Latency" läßt auch auf einen relativ hohen Anteil geschlossener und dichter Vesikel schließen, die für Transportuntersuchungen essentiell sind.

Tab. 1. Charakterisierung der Vesikelpräparation aus Wurzeln von Weißlupinen mit optimaler P-Versorgung und P-Mangelernährung anhand der Hemmung von Markerenzymen (ATPasen) bei Verwendung verschiedener Inhibitorsubstanzen (vollständige Hemmung = 100 %).

Inhibitor/ Empfindlichkeit	Assay- pH	Marker-ATPase	ATPase-Aktivität [%]	
			+P	-P
Vanadat-sensitiv	6,5	Plasmamembran	98	99
Molybdat-sensitiv	6,5	Phosphatasen	35	20
Azid-sensitiv	8,0	Mitochondrien	8	3
Nitrat-sensitiv	8,0	Vacuole	14	31
Latency			42	62

Zunächst wurden mögliche direkte Effekte der über Wurzelexsudation abgegebenen organischen Säuren auf die Hydrolyseaktivität der PM-H$^+$-ATPase untersucht (Abb. 2). Der Einfluß organischer Säuren auf die H$^+$-ATPase-Aktivität war unabhängig vom P-Ernährungsstatus der Pflanzen. Geringe Citratkonzentrationen von 100...250 µM führten zu einem leichten Anstieg der H$^+$-ATPase-Aktivität,

Konzentrationen von > 2 mM jedoch zu einer deutlichen Hemmung. Die Abnahme der H^+-ATPase-Aktivität bei höhreren Citratkonzentrationen konnte dabei nicht auf Komplexbildung von Citrat mit Mg^{2+} als ATPase-Cofaktor zurückgeführt werden (Daten nicht gezeigt). Bei Angebot von Malat ließ sich dagegen kein eindeutiger Trend erkennen. Die hohe Citratabgabe vollentwickelter Proteoidwurzeln mit extrem hohen internen Citratkonzentrationen (Abb. 1) könnte in Zusammenhang mit der Hemmwirkung von Citrat auf die PM-H^+-ATPase stehen. Möglicherweise wird durch die Citratabgabe ein P-Mangel-induzierter Anstieg der cytosolischen Citratkonzentration (i. d. R. < 5 mM, JONES 1998) vermieden, der zu einer Hemmung der PM-H^+-ATPase, verbunden mit einer Beeinträchtigung der Mineralstoffaufnahme, führen würde, aber auch Störungen der cytosolischen pH- und Ca-Homöostasis nach sich ziehen könnte (NEUMANN et al. 2000).

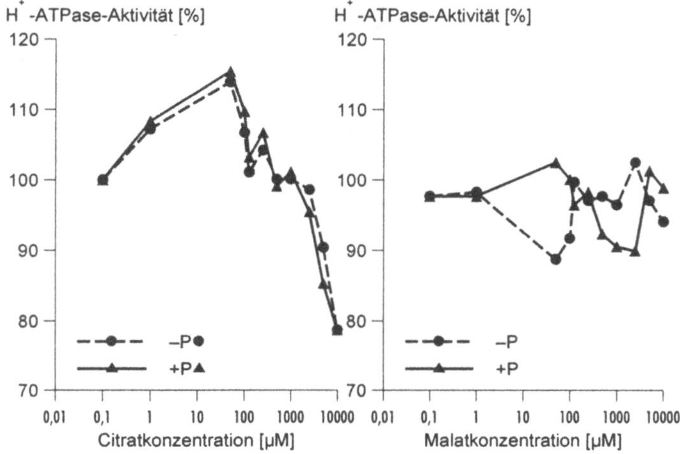

Abb. 2. Einfluß der Konzentration organischer Säuren im Inkubationsmedium auf die Vanadatsensitive H^+-ATPase-Aktivität von PM-Vesiklen aus Wurzeln von Weißlupinene in Abhängigkeit von der P-Ernährung.

Die H^+-ATPase-vermittelte Protonenaufnahme bei „inside-out"-PM-Vesikeln aus Wurzeln von P-Mangelpflanzen wurde durch Zugabe von Malat (5 mM) zur Reaktionslösung deutlich stimuliert (Abb. 3), was auf eine Malataufnahme in die Vesikel, verbunden mit einem H^+-Influx zum Ladungsausgleich schließen läßt. Dagegen steht der verminderte H^+-Transport in Gegenwart von 5 mM Citrat (Abb. 3) in guter Übereinstimmung mit der beobachteten direkten Hemmung der Hydrolyseaktivität der PM-H^+-ATPase (Abb. 2).

In einem weiteren Vesuch wurde die Protonenaufnahme von PM-Vesikeln in Gegenwart nicht-inhibitorischer Citratkonzentrationen (2 mM) in Abhängigkeit der P-Ernährung untersucht. Bereits ohne Energetisierung der PM-Vesikel war eine Ansäuerung des Vesikellumens nachweisbar (Tab. 2), was auf eine ATP-unabhängige

Komponente der Citrataufnahme hinweisen könnte, die eine diffusionsvermittelte Protonenaufnahme nach sich ziehen würde.

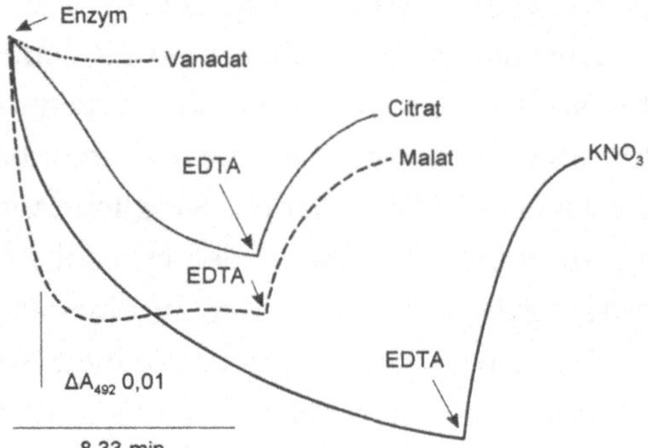

Abb. 3. Einfluß organsicher Säuren (Malat, Citrat — je 5 mM) und von Vanadat (0,1 mM) auf den Protonentransport bei PM-Vesikeln aus Wurzeln von Weißlupinen nach Anzucht unter P-Mangelbedingungen.

In der P-Mangelvariante war dieser Effekt gegenüber der Kontrolle um etwa 50 % erhöht. Bei zusätzlicher Energetisierung (Mg-ATP-Zugabe) trat eine Steigerung der Protonentransportrate von etwa 25 % in der $+P$-Variante auf, während sie bei Vesikeln von P-Mangelpflanzen etwa verdreifacht wurde. Eine direkte Messung des Citrattransports mit ^{14}C-Citrat an energetisierten Vesikeln aus $-P$-Pflanzen ergab eine doppelt so hohe Transportrate im Vergleich zur $+P$-Kontrolle bei gleicher Citratkonzentration in der Testlösung (Tab. 2).

Tab. 2. Einfluß der P-Ernährung auf die Aufnahme von ^{14}C-markiertem Citrat und die H^+-Transportaktivität von PM-Vesikeln aus Wurzeln von Weißlupine in Gegenwart von Citrat mit und ohne Energetisierung der Vesikel durch Mg-ATP.

	$+P$	$-P$
^{14}C-Citrataufnahme [pmol/(h · mg Protein)]	34,2	76,7
H^+-Tranportaktivität [ΔA_{492}/(min · mg Protein)]		
2 mM Citrat	$3,6 \times 10^{-3}$	$6,0 \times 10^{-3}$
2 mM Citrat + 5 mM Mg-ATP	$4,4 \times 10^{-3}$	$16,0 \times 10^{-3}$

Schlußfolgerungen

Die dargestellten Ergebnisse liefern deutliche Hinweise auf einen H^+-ATPase-gekoppelten Transportmechanismus für Carboxylate mit besonders starker Expression in der Plasmamembran aus Wurzeln von P-Mangelpflanzen. Andererseits können aber auch bestimmte Carboxylate wie Citrat in einem für das Cytosol realistischen

Konzentrationsbereich die ATP-Hydrolyseaktivität der PM-H$^+$-ATPase beeinflussen, was auf einen wechselseitigen Regulationsmechanismus hindeuten könnte. Isolierte PM-Vesikel stellen daher ein geeignetes System für die weitere Charakterisierung von Membrantransportprozessen dar, die an der Wurzelexsudation von Carboxylaten beteiligt sind.

Literaturverzeichnis

DINKELAKER, B.; RÖMHELD, V.; MARSCHNER, H., 1989: Citric acid excretion and precipitation of calcium citrate in the rhizosphere of white lupin (*Lupinus albus* L.). *Plant, Cell and Environment* **12**, 285–292.

FORBUSH III, B., 1983: Assay of Na,K-ATPase in plasma membrane preparations: increasing the permeability of membrane vesicles using sodium dodecyl sulfate buffered with bovine serum albumin. *Analytical Biochemistry* **128**, 159–163.

GALLAGHER, S. R.; LEONARD, R. T., 1982: Effect of vanadate, molybdate, and azide on membrane-associated ATPase and soluble phosphatase activities of corn roots. *Plant Physiology* **70**, 1335–1340.

GERKE, J.; RÖMER, W.; JUNGK, A., 1994: The excretion of citric acid and malic acid by proteoid roots of *Lupinus albus* L. Effects of soil solution concentrations of phosphate, iron, and aluminum in the proteoid rhizosphere in samples of an oxisol and a luvisol. *Zeitschrift für Pflanzenernährung und Bodenkunde* **157**, 289–294.

JONES, D. L., 1998: Organic acids in the rhizosphere — a critical review. *Plant and Soil* **205**, 25–44.

MÜLLER, C.; ZHU, Y.; YAN, F.; SCHUBERT, S., 2001: Biochemische Untersuchungen zur Protonenabscheidung von Proteoidwurzeln der Weißlupine. In: W. Merbach, L. Wittenmayer, J. Augustin (Hrsg.). *Physiologie und Funktion von Pflanzenwurzeln.* Stuttgart, Leipzig: Teubner, 93–98.

NEUMANN, G.; MASSONNEAU, A., MARTINOIA, E.; RÖMHELD, V., 1999: Physiological adaptations to phosphorus deficiency during proteoid root development in white lupin. *Planta* **208**, 373–382.

NEUMANN, G.; MASSONNEAU, A.; LANGLADE, N.; DINKELAKER, B.; HENGELER, C.; RÖMHELD, V.; MARTINOIA, E., 2000: Physiological aspects of cluster root function and development in phosphorus-deficient white lupin (*Lupinus albus* L.). *Annals of Botany* **85**, 909–919.

PINTON, R.; CESCO, S.; IACOLETTIG, G.; ASTOLFI, S.; VARANINI, Z., 1999: Modulation of NO$_3^-$ uptake by water-extractable humic substances: involvement of root plasma membrane H$^+$-ATPase. *Plant and Soil* **215**, 155–161.

5

Stoffumsatz im durchwurzelten Bodenraum

Physiologie und Funktion von Pflanzenwurzeln. 11. Borkheider Seminar zur Ökophysiologie des Wurzelraumes
Hrsg.: W. Merbach, L. Wittenmayer, J. Augustin
B. G. Teubner — Stuttgart · Leipzig · Wiesbaden (2001), S. 109-115

Cu-, Zn- und Cd-Aufnahme von *Lupinus albus* L., *Lupinus angustifolius* L. und *Lupinus luteus* L. im Vergleich zu *Lolium multiflorum* Lam.

Komi EGLE und Wilhelm RÖMER
Institut für Agrikulturchemie der Georg-August-Universität Göttingen,
Von-Siebold-Straße 6, D-37075 Göttingen

Abstract

Under P deficiency several lupin species exude organic acids which increase the solubility of phosphate and cations. However, most monocotyledons mostly are missing this property. It was the aim of this study to investigate the Cu, Zn and especially the Cd uptake of six cultivars of *Lupinus albus*, *Lupinus angustifolius* and *Lupinus luteus* in comparison to that of *Lolium multiflorum* (one cultivar) at a moderate P supply in a pot experiment (6 kg soil/pot). We used a humic podzol with the following characteristics: 6 % clay, 11 % silt, 84 % sand, 4.9 % organic substance, pH ($CaCl_2$): 5.4, lactate soluble P: 32 mg/kg, HNO_3/HCl soluble: Cu 2.4; Zn: 10 and Cd: 0.1 mg/kg. Fourteen days before sowing, heavy metals were added per kg soil as follows: 30 mg Cu, 75 mg Zn, 0.5 mg Cd and other nutrients: 66 mg K, 13 mg Mg as well as 66 mg N for ryegrass. For lupin, the soil was inoculated with rhizobia. After 30 and 42 days the shoot dry matter, the Cu, Zn and Cd contents in the shoots and roots and the root length were measured. The inflow (net uptake rate per unit root length) based on Cd amounts of the total plants (total inflow) or based on Cd amounts of shoots only (shoot inflow) were calculated as well as the root length/shoot weight ratio.

L. albus showed the lowest Cu, Zn and Cd concentration of shoots. The Cd content of blue lupin was four times, of yellow lupin five times and of ryegrass ten times higher than that of white lupin (0.2 ppm). The high Cd content of ryegrass may be mainly caused by the ten times higher root/shoot ratio in comparison to that of lupins. The low Cd content especially of white lupin shoot was not owing to a low total inflow (it was six times higher than that of ryegrass), but was due to a low Cd translocation from the roots into the shoots (*L. albus*: 4...5 %, *L. angustifolius* 12...23 %, *L. luteus* 24...27 %, *Lolium* 29 %). The translocation rates for Zn are : *L. albus* 37 %, *L. angustifolius*. 61 %, *L. luteus* 68 %, *Lolium* 56 % and for Cu: 43, 44, 52 and 34 % respectively. The high Cd retention capacity of lupin roots may be caused by high Cd sorption in apparent free space and/or complexation by low molecular organic anions in cortex cells.

Einleitung

Aus den Arbeiten von NEUMANN *et al.* (1999) und EGLE *et al.* (2000) ist bekannt, daß Sorten mehrerer Lupinenarten, insbesondere bei P-Mangel eine um den Faktor hundert höhere Exsudation organischer Säuren je Einheit Wurzel aufweisen als Monocotyledone wie Weidelgras (H. Keller, pers. Mittg.) oder auch Mais (BEISSNER 1997). Neben der P-Mobilisierung im Boden (DINKELAKER *et al.* 1989) wird auch die Löslichkeit von Fe und Al (GERKE *et al.* 1994) und weiteren Metallen durch niedermolekulare organische Säuren erhöht (NEUMANN *et al.* 1999, KELLER und RÖMER 1998). Wir wollten prüfen, wie sich bei verschiedenen Sorten von *Lupinus albus, L. angustifolius* und *L. luteus* die Cu-, Zn- und insbesondere die Cd-Aufnahme im Vergleich zu Welschem Weidelgras, das kaum organische Säuren exsudiert, bei mäßigem P-Angebot gestaltet.

Material und Methoden

Drei Lupinenarten *Lupinus albus* (Sorten ‚Minori‘ und ‚Nelly‘), *Lupinus angustifolius* (Sorten ‚Borweta‘ und ‚Bordako‘) sowie *Lupinus luteus* (Sorten ‚Borsaja‘ und ‚Borselfa‘) und *Lolium multiflorum* (Sorte ‚Lirasand‘) wurden in Mitscherlich-Gefäßen (6 kg Boden) unter natürlichen Witterungsbedingungen für maximal 42 Tage angezogen. Jeweils zehn Pflanzen pro Gefäß bei den Lupinenarten bzw. Weidelgraspflanzen wuchsen aus 1 g Samen in vier Wiederholungen heran. Der Boden war ein humoser Sandboden mit folgenden Eigenschaften: Ton: 5 %, Schluff: 11 %, Sand: 84 %, Humus: 4,9 %, N: 0,13 %, P (DL-Methode): 7 mg P_2O_5/100 g Boden, K (DL-Methode): 16 mg K_2O/100 g Boden und pH ($CaCl_2$): 5,4. Die Ausgangsgehalte an Schwermetallen im Boden wurden mittels Königswasseraufschluß bestimmt: Cu 2,4, Zn 9,9 und Cd 0,1 mg/kg Boden. Da das Verhalten der Pflanzenarten bei erhöhten Schwermetallgehalten untersucht werden sollte, wurde der Boden 14 Tage vor der Saat zusätzlich mit löslichen Schwermetallverbindungen versetzt (30 mg Cu als $CuSO_4$, 75 mg Zn als $ZnSO_4$ und 0,5 mg Cd als $Cd(NO_3)_2$ je kg Boden). Als Grunddüngung erhielt der Boden 400 mg K als K_2SO_4 und 80 mg Mg als $MgSO_4 \cdot 7\ H_2O$ pro Gefäß. Die Gefäße mit Weidelgras bekamen zusätzlich 400 mg N als NH_4NO_3. Bei den Lupinenvarianten wurde der Boden mit einem Rhizobienpräparat (*Radicin*) geimpft. Während der Kultivierung der Pflanzen wurden die Gefäße täglich mit entmineralisiertem Wasser auf 70 % der maximalen

Wasserkapazität gegossen. Zur Berechnung der Nettoaufnahmeraten der geprüften Schwermetalle (SM) erfolgten zwei Ernten am 30. und 42. Tag nach der Aussaat. Zu den Ernten wurden die Sprosse und Wurzeln geerntet, bei 105°C getrocknet, gemahlen und die SM in der Trockenmasse nach Veraschung mit 65%iger Salpetersäure (Druckaufschluß) mit der Flammen-AAS oder Grafitrohr-AAS bestimmt.

Über Aliquote der ausgewaschenen Wurzeln wurde die Wurzellänge nach der Schnittpunktmethode nach NEWMAN (1966) ermittelt. Die Nettoaufnahmerate eines Elements beschreibt die Nettomenge des Elements, die pro Einheit Wurzellänge und Zeiteinheit zwischen dem 30. und 42. Tag aufgenommen wird. Für die Pflanzen wurde ein exponentielles Wurzelwachstum angenommen. Ihre Berechnung erfolgte nach WILLIAMS (1948). Berechnet wurde sowohl die „Gesamtnettoaufnahmerate" je Einheit Wurzel unter Berücksichtigung der SM-Mengen in Sprossen und Wurzeln und die „Sproßnettoaufnahmerate" der Wurzel. Bei ihr wurden nur die SM-Mengen in den Sprossen zu den zwei Ernten berücksichtigt und nicht die SM-Mengen der Wurzeln. Bei Letzteren ist unklar, wie viel der Elemente der Rhizodermis anhaftet, im *Apparent Free Space* adsorbiert oder tatsächlich in die Rindenzellen aufgenommen ist (STRASSER und RÖMHELD 1998).

Ergebnisse

Aus Tab. 1 geht hervor, daß die Weißlupinen sowohl zur ersten als auch zur zweiten Ernte die größte Sproßmasse gebildet haben. Ihre hohe Biomassebildung dürfte auf ihr zwei- bis dreifaches höheres Tausendkorngewicht (ca. 300 g) im Vergleich zu dem der anderen Lupinenarten zurückzuführen sein. Aber generell zeigten alle Sorten gute Trockenmassezunahmen zwischen den zwei Ernteterminen, d. h., die Wachstumsbedingungen waren gut.

Tab. 2 (linke Seite) zeigt die Schwermetall (SM)-Gehalte der Sprosse zur zweiten Ernte. Folgende Tendenzen fallen auf: Bei Cu zeigen beide Weißlupinensorten die niedrigsten Gehalte von ca. 5 ppm, alle anderen Arten haben etwa doppelt so hohe Sproß-Cu-Gehalte. Bei Zn zeigen die Weißlupinensorten ebenfalls nur halb so hohe Gehalte wie die Blauen und Gelben Lupinen, aber etwa die gleichen Gehalte wie das Weidelgras (ca. 480 ppm). Bei Cd fallen wiederum die niedrigen Gehalte der Weißlupinen auf (0,2 ppm). Sie sind drei- bis fünfmal geringer als die der Blauen und Gelben Lupinen, aber zehnmal geringer als im Weidelgras.

Aus toxikologischer Sicht sind die Resultate für die genotypischen Unterschiede bei Cd besonders interessant. Es stellt sich die Frage nach den Ursachen für die Differenzen bei diesem Element. Drei Größen sind bedeutsam für die Sproßgehalte:

Tab. 1. Sproßtrockenmasse und Wurzel/Sproß-Verhältnis der Pflanzen bei der ersten und zweiten Ernte (Werte mit gleichen Buchstaben sind nicht signifikant verschieden bei $P < 0,05$, Newman-Keuls-Test).

Pflanzenart	Sorte	Sproß-TM [g/Gefäß]		Wurzel/Sproß-Verhältnis	
		1. Ernte	2. Ernte	1. Ernte	2. Ernte
L. albus	‚Minori'	4,9a	10,3b	31b	18b
	‚Nelly'	5,1a	11,9a	29b	22b
L. angustifolius	‚Borweta'	1,7d	3,2f	32b	19b
	‚Bordako'	3,8b	6,9d	23b	24b
L. luteus	‚Borsjaka'	2,3c	6,3de	30b	35b
	‚Borselfa'	2,2c	5,5e	26b	29b
Lolium multiflorum	‚Lisarand'	2,6c	7,8c	278a	227a

Tab. 2. Cu-, Zn- und Cd-Konzentrationen in den Pflanzen 42 Tage nach der Aussaat (Werte mit gleichen Buchstaben sind nicht signifikant bei $P < 0,05$ nach Newman- Keuls).

Pflanzenart	Sorte	Konzentration [µg/g TM]					
		Sproß			Wurzel		
		Cu	Zn	Cd	Cu	Zn	Cd
L. albus	‚Minori'	5,3c	518,0d	0,2c	34,6bc	4572a	15,5a
	‚Nelly'	5,3c	442,3	0,2c	30,0c	4222a	15,9a
L. angustifolius	‚Borweta'	10,2b	793,2c	0,8b	40,6b	1729c	11,9b
	‚Bordako'	8,9c	769,9c	0,6b	28,7c	2052bc	11,3b
L. luteus	‚Borsjaka'	10,3b	970,4a	0,9b	35,6bc	2461b	15,7a
	‚Borselfa'	9,4bc	899,6b	1,0b	31,5c	2494b	15,9a
Lolium multiflorum	‚Lisarand'	11,8a	470,0de	1,9a	49,3a	607c	4,9c

Tab. 3. Cd-Nettoaufnahmerate der Wurzeln zwischen dem 30. und 42. Tag nach der Aussaat sowie relativer Schwermetallanteil in den Wuzeln bei der zweiten Ernte.

Pflanzenart	Sorte	Cd-Nettoaufnahme $[10^{-19}\ mol/(cm \cdot s)]$		Anteil B von A [%]	SM-Anteil [%] in den Wurzeln		
		gesamt (A)	Sproß (B)		Cu	Zn	Cd
L. albus	‚Minori'	2,3b	0,2c	9	61	68	96
	‚Nelly'	3,7b	0,2c	5	53	58	95
L. angustifolius	‚Borweta'	3,1b	0,9ab	29	61	44	88
	‚Bordako'	6,4a	0,7b	11	52	34	77
L. luteus	‚Borsjaka'	7,2a	1,0ab	13	48	28	76
	‚Borselfa'	7,8a	1,2a	15	48	36	73
Lolium multiflorum	‚Lisarand'	0,5c	0,2c	40	66	44	71

1. das Wurzellängen/Sproßmasse-Verhältnis (Wurzel/Sproß-Verhältnis), also die Wurzellänge, die für die Ernährung einer Einheit Sproßmasse zur Verfügung steht,
2. die Nettoaufnahmerate je Einheit Wurzellänge für einen definierten Zeitraum und
3. die Verlagerung in den Sproß.

Tab. 1 (rechte Seite) verdeutlicht, daß Weidelgras im Mittel ein zehnfach höheres Wurzel/Sproß-Verhältnis als die drei Lupinenarten besitzt. Das dürfte eine wesentliche Voraussetzung für eine hohe SM- als auch Cd-Aufnahme in die Pflanze und auch den Sproß sein. Betrachtet man die Nettoaufnahmeraten der Wurzeln (Tab. 3), so zeigt sich zunächst, daß die Cd-Gesamt-Nettoaufnahmerate des Weidelgrases, das die höchsten Sproßgehalte besitzt, am niedrigsten ist (0,5 Einheiten). Die Werte der Weißen, Blauen bzw. der Gelben Lupinen sind sechs-, zehn- bzw. fünfzehnmal höher als die des Grases. Betrachtet man aber nur die „Cd-Sproß-Nettoaufnahmerate" also die Cd-Menge, die je Wurzeleinheit zwischen dem 30. und 42. Tag aufgenommen und auch in die Sprosse verlagert wurde, so zeigt sich, daß die Werte für Weißlupine und Weidelgras gleich groß (0,2 Einheiten), aber bei den Blauen und Gelben Lupinen vier- bis sechsmal größer sind. Bei den Anteilen der Gesamtnettoaufnahmeraten, die dem Sproß zugeführt werden, gibt es also beträchtliche Differenzen. Bei dem Weidelgras sind es 40 %, bei den Weißlupinen weniger als 9 %. Tatsächlich sind die Cd-Gehalte der Lupinenwurzeln zwei bis dreifach größer als die des Weidelgrases (Tab. 2). In den Lupinenwurzeln wird also deutlich mehr Cd zurückgehalten: bei den Blauen Lupinen ca. 82 %, den Gelblupinen ca. 75 % und bei den Weißlupinen sogar ca. 95 %, im Weidelgras dagegen nur 71 % (Tab. 3, rechte Seite). Die deutlich niedrigeren Cd-Gehalte der Lupinensprosse, insbesondere bei den Weißlupinen sind also nicht auf geringere Gesamtnettoaufnahmeraten der Wurzeln zurückzuführen, sondern auf ein stärkeres Zurückhalten des Cd in den Wurzeln. PATEL et al. (1980) fanden auch heraus, daß die Leguminose einen großen Teil des aufgenommen Cd in den Wurzeln zurückhalten. Denkbare Ursachen könnten stärkere Cd-Sorption in den Zellwänden sein (QI et al. 1998, YU und TANG 2000), aber auch eine Komplexierung von Cd in den Wurzelzellen durch niedermolekulare organische Anionen, die bei P-Mangel sowohl in den Wurzelzellen von Lupinen akkumuliert als auch exsudiert werden (NEUMANN et al. 1999, EGLE et al. 2000), ist denkbar. Erste Nährlösungsexperimente mit drei Wochen alten Lupinenpflanzen (K. Egle, unveröffentlicht) zeigten, daß Cd, das 48 Stunden lang aus 1,7 µM Lösungen von Cd-Nitrat aufgenommen wurde, mit einer 2 mM Ca-Nitratlösung innerhalb von fünf Stunden zu 40 % aus den Wurzeln austauschbar war. Dieses Resultat weist auf eine Bindung relativ großer Cd-Mengen im *Apparent Free Space* hin.

Danksagung

Förderung durch die DFG (Graduiertenkolleg „Landwirtschaft und Umwelt").

Literaturverzeichnis

BEISSNER, L., 1997: Mobilisierung von Phosphor aus organischen und anorganischen P-Verbindungen durch Zuckerrübenwurzlen. Dissertation, Universität Göttingen

EGLE, K.; RÖMER, W.; GERKE, J.; KELLER, H., 2000: The influence of P nutrition on organic acid exudation of the roots of three lupin species. In: E. van Santen, M. Wink, S. Weissman, P. Römer (Hrsg.) *Lupin, An Ancient Crop for the New Millennium. Proceedings of the Ninth International Lupin Conference, Klink/Müritz (Germany), June, 20-24, 1999*, 249-251.

DINKELAKER, B.; RÖMHELD, V.; MARSCHNER, H., 1989: Citric acid excretion and precipitation of calcium citrate in the rhizosphere of white lupin (*Lupinus albus* L.). *Plant, Cell and Environment* **12**, 285-292.

GERKE, J.; RÖMER, W.; JUNGK, A., 1994: The excretion of citric and malic acid by proteoid roots of *Lupinus albus* L. Effects on soil solution concentration of phosphate, iron and aluminum in the proteoid rhizosphere in samples of an oxisol and a luvisol. *Zeitschrift für Pflanzenernährung und Bodenkunde* **157**, 289-294.

KELLER, H.; RÖMER, W., 1998: Ausscheidung organischer Säuren bei Spinat in Abhängigkeit von der P-Ernährung und deren Einfluß auf die Löslichkeit von Cu, Zn und Cd im Boden. In: W. Merbach, L. Wittenmayer, J. Augustin (Hrsg.) *Pflanzenernährung, Wurzelleistung und Exsudation.* Stuttgart, Leipzig: B .G. Teubner Verlagsgesellschaft, 187–195.

NEUMANN, G.; MASSONNEAU, A.; MARTINOI, E.; RÖMHELD, V., 1999: Physiological adaptations to phosphorus deficiency during proteoid root development in white lupine. *Planta* **208**, 273–382.

NEWMAN, E. J., 1966: A method of estimating the total length of root in a sample. *Journal of Applied Ecology* **3**, 139–145.

PATEL, P. M.; WALLACE, A.; HARTSOCK, T.; ROMNEY, E. M., 1980: Zinc, nickel and cadmium uptake and translocation to seed pods and their effects on gas exchange rates of bush bean plants grown in calcareous soil from northern Mojave Desert. *Journal of Plant Nutrition* **2**, 67–72.

QI, L.; CHUN-RONG, Z.; HUAI-MAN, C.; YING-XU, C., 1998: Transformation of cadmium species in rhizosphere. *Acta Pedologica Sinica* **35**, 461–467.

STRASSER, O.; RÖMHELD, V., 1998: Bedeutung des apoplastischen Eisens in den Wurzeln von Tomate und Gerste in Bodenkulturen für die Ernährung der Pflanze. In: W. Merbach, L. Wittenmayer, J. Augustin (Hrsg.) *Pflanzenernährung, Wurzelleistung und Exsudation.* Stuttgart, Leipzig: B. G. Teubner Verlagsgesellschaft, 80–86.

WILLIAMS, R. F., 1948: The effects of phosphorus supply on the rates of intake of phosphorus and nitrogen and upon certain aspects of phosphorus metabolism in gramineous plants. *Australian Journal of Scientific Research (B)* **1**, 333–361.

YU, Q.; TANG, C., 2000: Lupin and pea differ in root cell wall buffering capacity and fractionation of apoplastic calcium. *Journal of Plant Nutrition* **23**, 529–539.

Physiologie und Funktion von Pflanzenwurzeln. 11. Borkheider Seminar zur Ökophysiologie des Wurzelraumes
Hrsg.: W. Merbach, L. Wittenmayer, J. Augustin
B. G. Teubner — Stuttgart · Leipzig · Wiesbaden (2001), S. 116–123

Einfluß junger Schilfpflanzen auf die Umsetzung von Pflanzenresten in anaerobem Niedermoortorf

Jürgen AUGUSTIN, Rainer REMUS, Edith MIRUS und
Friedrich BLASINSKI
Institut für Primärproduktion und Mikrobielle Ökologie, ZALF e. V., Eberswalder
Straße 84, D-15374 Müncheberg

Abstract

In lab incubation experiments, one should clarify by means of ^{14}C-labelled substances, to what extent plant and root litter, originate with common reed (*Phragmites australis* (Cav.) Trin. ex Steud.) at very large volume, may contribute to the
methanogenesis in reflooded fen mires. It appeared that the ^{14}C-labelled plant
residues buried in the peat were microbially transformed relatively fast under the
tested anaerobic circumstances too. Both the residues themselves and the growing
plants had a strong influence on these processes. While in the case of CO_2 between
40 and 100 % of the CO_2-C originated from the plant litter, was the share of this
C source in the CH_4-C between 10 and 65 %. On account of it's to be assumed,
that the degraded peat itself also seems to play an important role as a substrate for
the methanogenesis in addition to the plant and root litter.

Einleitung

Mit Schilfröhricht bestandene Feuchtgebiete gehören zu den stärksten Quellen für
das klimarelevante Spurengas Methan (CH_4) (z. B. KIM *et al.* 1998, VAN DER NAT
und MIDDELBURG 1998). Ungeachtet aller Forschungsaktivitäten bestehen bezüglich
der Ursachen hierfür und der daran beteiligten Prozesse noch eine Vielzahl von
Unklarheiten. Das gilt insbesondere für den Fall der extrem hohen Methanemissio-
nen aus frisch rücküberstauten, degradierten Niedermooren (AUGUSTIN *et al.* 1996).
So war zunächst, ausgehend von der in Feuchtgebieten offenbar generell positiven
Korrelation zwischen pflanzlicher Stoffbildung und Methanfreisetzung (WHITING
und CHANTON 1993), angenommen worden, daß die auch bei Schilf in großen
Umfang anfallende Rhizodeposition (RICHERT *et al.* 2000a) ähnlich wie bei Reis
(DANNENBERG und CONRAD 1999) eine wichtige C-Quelle für die Methanogenese
darstellt. Wie allerdings ^{14}C-Impulsmarkierungsexperimente mit jungen Schilf-
pflanzen zeigten, ließ sich im Methan, welches in hoher Menge freigesetzt wurde,

kein pflanzenbürtiger C (d. h. ^{14}C-Aktivität) nachweisen (RICHERT *et al.* 2000b). Mit hoher Wahrscheinlichkeit ist die gehemmte Umsetzung der Rhizodeposition zu Methan auf die Anreicherung der Schilfrhizosphäre mit O_2 zurückzuführen, wofür wiederum das effiziente interne Gastransportsystem der Schilfpflanzen verantwortlich zu sein scheint (ARMSTRONG *et al.* 1996).

Aus Untersuchungen mit den Resten anderer Pflanzen ist aber bekannt, daß speziell diesen Substraten unter anaeroben Bedingungen eine große Bedeutung als Substrat für die Methanogenese zukommen kann (SEGERS 1998, WATANABE *et. al.* 1998, DANNENBERG und CONRAD 1999). Aufgrund dessen sollte in einem nachfolgenden Experiment geklärt werden, inwieweit die beim Schilf in sehr großem Umfang anfallenden Pflanzen- und Wurzelreste (jährlich bis zu 340 dt Trockenmasse je Hektar – RICHERT *et al.* 2000a) zur Methanbildung in überstauten Niedermooren beitragen können. Darüber hinaus sollte festgestellt werden, welchen Einfluß der von den Schilfwurzeln bewirkte Sauerstoffeintrag auf die Umsetzung der Pflanzen- und Wurzelreste unter den hier betrachteten Verhältnissen hat.

Material und Methoden

Bei den Untersuchungen fand im wesentlichen das gleiche Versuchssystem wie bei den vorangegangenen ^{14}C-Impulsmarkierungsexperimenten Verwendung (RICHERT *et al.* 2000a). Im Unterschied zu diesem war hier aber nicht die Umsetzung von neu synthetisierten Assimilaten, sondern die Transformation von (zusätzlich in den Bodenraum eingebrachten) ^{14}C-markierten Sproß- und Wurzelresten von Schilfpflanzen im System Pflanze – Niedermoortorf – Atmosphäre zu erfassen. Das Prinzip der Versuchanstellung läßt sich kurz wie folgt beschreiben:

* Vergleich von unbepflanzten mit bepflanzten Gefäßen zur Ermittlung des Einflusses der Wurzeln auf die C-Umsetzungsprozesse (Quantifizierung des Wurzeleffektes anhand von Differenzen in den Prüfmerkmalen),
* Anzucht von Schilfpflanzen [*Phragmites australis* (Cav.) Trin. ex Steud.] über elf Wochen in Plastgefäßen (ca. 30 cm × 25 cm × 25 cm) auf überstautem, degradierten Niedermoortorf (8 kg, Standort Biesenbrow/Sernitz–Welse-Niederung in Brandenburg, Oberboden 0...30 cm, C_t = 13,8 %, N_t = 0,86 %, pH = 7,0) unter kontrollierten Bedingungen,
* Abtrennung von Wurzel- und Sproßraum durch Einbringen einer gasdichten Bodenabdeckung aus Silikonkautschuk,
* Überführung der Pflanzen in ^{14}C-Gaswechselmeßsystem, Fortsetzung der Pflanzenanzucht unter standardisierten Bedingungen (Temperatur 21 °C, Beleuchtung über 14 h mit Photonenfluß von 300 µmol/(m^2 · s), relative Luftfeuchte 90 %),

- Applikation von je 30 g trockenem, ^{14}C-markiertem und feingemahlenem Pflanzenpulver (Aktivität 15,9 MBq) pro Gefäß, um die C-Verbindungen aus Pflanzenresten (^{14}C-markiert) von den bodenbürtigen ^{12}C-Verbindungen unterscheiden zu können,
- über 33 Tage fortlaufende, getrennte Erfassung des Verlaufs der ^{14}CO$_2$- und der ^{14}CH$_4$-Freisetzung aus dem Wurzel- und dem Sproßraum zur Quantifizierung der gasförmigen ^{14}C-Verluste,
- Bestimmung des in NaOH sorbierten CO$_2$-C durch Titration der verbliebenen NaOH-Lösung mit HCl nach Ausfällung von HCO$_3^-$/CO$_3^{2-}$ mit überschüssigem BaCl$_2$; in CO$_2$-freier Restluft Bestimmung der Methankonzentration mittels *NDIR-Infrarot-Analysator*, Fa. *Sensor Devices*,
- Bestimmung der ^{14}C-Aktivitäten des CO$_2$ sowie von Boden- und Pflanzen-C-Fraktionen mit Flüssigszintillationsmessung (*Liquid Scintillation Counter Beckman LS-6000*),
- nach Absorption des CO$_2$ Bestimmung der ^{14}C-Aktivitäten im CH$_4$ mit Feststoffszintillationsmessung (Sproßraum: modifizierte Szintillationssonde (Meßkammer 6 ml) vom Typ *VA-S-50*, Fa. *VEB RFT Meßtechnik Dresden*; Wurzelraum: modifizierter HPLC-Radioaktivitätsmonitor *LB 507 A* mit Plastikszintillator als Detektor, Fa. *Berthold*),
- nach Versuchende Erstellung von ^{14}C-Bilanzen zum Verbleib des pflanzenbürtigen Kohlenstoffs auf Grundlage der ^{14}C-Verteilung und der C-Mengen (mit Ausnahme von CH$_4$ alle mit Elementaranalysator *Eltra CS 500* bestimmt) in den verschiedenen Kompartimenten des Modellsystems (Pflanze, Boden, mikrobielle Biomasse, Atmosphäre).

Die Befunde zur ^{14}C-Verteilung im System Pflanze – Niedermoortorf – Atmosphäre beziehen sich auf den Gesamtumfang der zu Versuchsbeginn über das Pflanzenpulver in den Niedermoortorf eingebrachten ^{14}C-Aktivität.

Ergebnisse und Diskussion

Wie die im Verlauf der CO$_2$- und CH$_4$-Emission erfolgte Freisetzung von ^{14}C-Aktivitäten deutlich macht, unterlagen die eingebrachten, ^{14}C-markierten Pflanzenreste auch unter den anaeroben Bedingungen eines überstauten Niedermoores relativ schnell mikrobiellen Umsetzungen (Abb. 1).

Sowohl die Pflanzenreste selbst als auch der Pflanzenbewuchs (d. h. die von Wurzeln und Rhizomen ausgelösten Prozesse) hatten einen starken Einfluß auf diese Vorgänge. So bewirkte die Applikation der Pflanzenreste unabhängig vom

Bewuchs sofort eine starke Förderung der mit der Bodenatmung (d. h. der Summe aller CO_2-freisetzenden Prozesse) ausgetretenen ^{14}C-Aktivität, während bei der Methanemission erst nach ca. einer Woche erhöhte ^{14}C-Aktivitäten zu verzeichnen waren. Die Förderung der ^{14}C-Emissionen durch den Pflanzenbewuchs setzte noch später ein, nämlich ca. zwei Wochen nach Einbringung der Pflanzenreste. Allerdings konnten nur im Fall des Methans entsprechende Reaktionen festgestellt werden. Dies dürfte ganz wesentlich auf eine starke Verzögerung der im aerobem Bereich der Wurzelumgebung bzw. an der Torfoberfläche ablaufenden Methanoxidation infolge des schnellen Abtransportes dieses Spurengases über das interne Gasventilationssystem des Schilfs in die Atmosphäre (vgl. Einleitung) zurückzuführen sein (KIENE 1991).

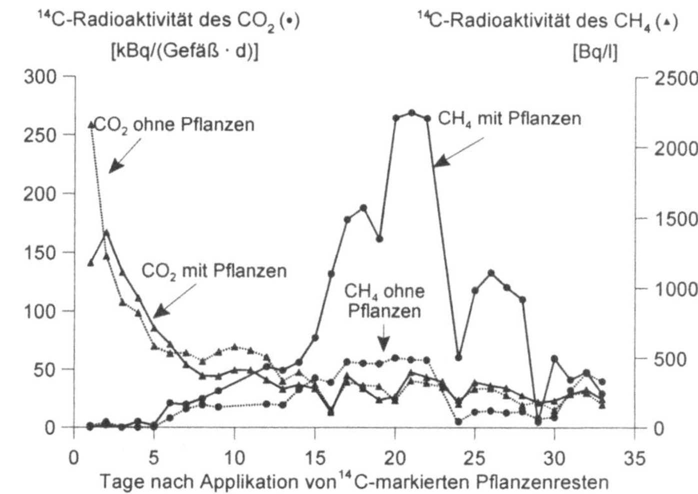

Abb. 1. Freisetzung von ^{14}C-Aktivität über CO_2 bzw. Akkumulation von ^{14}C-Aktivität aus CH_4 im Wurzelraum der Kompartimentgefäße nach der Applikation von ^{14}C-markierten Pflanzenresten zu überstautem, degradiertem Niedermoortorf.

Insgesamt war jedoch, bezogen auf die mit den Pflanzenresten verabreichte bzw. die in der Bodenatmung wiedergefundene ^{14}C-Aktivität, die mit dem Methan freigesetzte Aktivität sehr klein (Tab. 1). Ungeachtet der hohen Dynamik der CO_2-Emission waren auch die in dieser Form eingetretenen Verluste an Pflanzenrest-C ähnlich wie bei Experimenten zum Abbauverhalten von Wurzelstücken verschiedener Röhrichtpflanzen relativ gering (HARTMANN *et al.* 1999). Der Pflanzeneinfluß manifestierte sich hier im wesentlichen in der erneuten Inkorporation eines Teils des als CO_2 freigesetzten Pflanzenrest-C durch die Pflanzen sowie in der starken Verringerung der im Überstauwasser enthaltenen ^{14}C-Aktivität. Die Ursachen für die vergleichsweise niedrige Wiederfindungsrate der ^{14}C-Aktivität im Gesamtsystem zu Versuchende sind weitgehend unbekannt. Um diese herauszufinden, sind unbedingt weitere Untersuchungen notwendig.

Tab. 1. Verteilung der im System Pflanze – Boden – Atmosphäre wiedergefundenen ^{14}C-Aktivität nach Applikation von ^{14}C-markierten Pflanzenresten zu degradiertem und überstautem Niedermoortorf (Relativwerte bezogen auf die pro Gefäß applizierte ^{14}C-Aktivität von 15,9 MBq).

	mit Schilfpflanzen		unbepflanzt	
	kBq	%	kBq	%
Gesamtpflanze	547,4	3,4	–	–
Sproß	399,7	2,5	–	–
Wurzel	69,8	0,4	–	–
Rhizome	77,9	0,5	–	–
Boden	7010,8	44,1	8555,0	53,8
mikrobielle Biomasse	68,1	0,4	60,1	0,4
Überstauwasser	54,6	0,3	492,0	3,1
Gas-Phase	1708,7	10,7	1856,5	11,7
CO_2 (Bodenatmung)	1708,7	10,7	1856,5	11,7
CH_4	< 0,1	< 0,01	< 0,1	< 0,01
wiedergefundene ^{14}C-Gesamtradioaktiviät	9321,5	58,6	10903,5	68,5

Bezüglich der Relevanz der Pflanzenreste als C-Quelle für die Bildung von CO_2 und CH_4 ergaben sich im Verlauf des Inkubationsversuches erhebliche Veränderungen bzw. bestanden zwischen den beiden Gasen erhebliche Unterschiede. Während beim CO_2 zu Beginn mehr als drei Viertel des darin enthaltenen C den Pflanzenresten entstammte, lag der Anteil dieser C-Quelle beim Methan in den ersten 14 Tagen lediglich zwischen 15 und 40 % (Abb. 2).

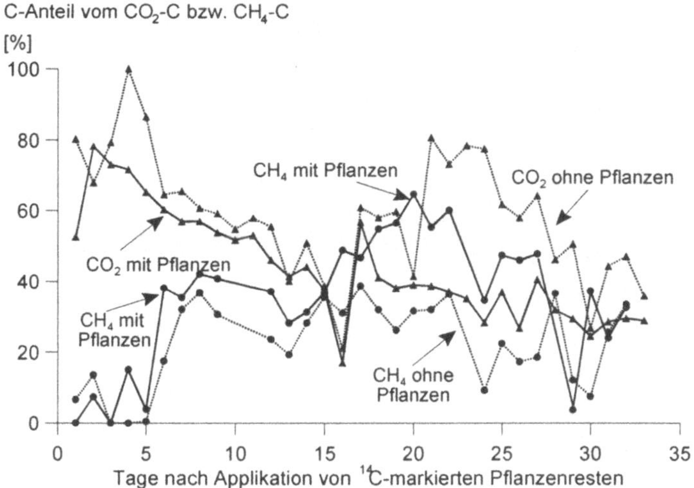

Abb. 2. Anteil des C aus ^{14}C-markierten Pflanzenresten an der Freisetzung von CO_2 bzw. an der Akkumulation von CH_4 im Wurzelraum von Kompartimentgefäßen nach der Applikation von ^{14}C-markierten Pflanzenresten zu überstautem, degradiertem Niedermoortorf.

Den gleichen Zeitraum nahm aber auch die Ausprägung von Pflanzeneffekten in Anspruch. Anders als in den unbepflanzten Gefäßen kam es danach zu einer deutlichen Verringerung des Anteils der Pflanzenreste am CO_2-C. Dies war offensichtlich auf eine verstärkte Verwertung neu gebildeter pflanzlicher Assimilate (d. h. nicht ^{14}C-markierter Rhizodeposition) durch die Mikroflora des Bodens zurückzuführen. Der Pflanzenbewuchs führte hingegen zeitweise zu einer deutlichen Erhöhung des aus den Pflanzenresten herrührenden C im Methan. Insgesamt geht aus den Befunden klar hervor, daß den Pflanzen- und Wurzelresten unter den Verhältnissen rücküberstauter Niedermoore tatsächlich eine weitaus größere Bedeutung für die Methanbildung als der Rhizodeposition zuzukommen scheint. Wie sich aber an dem stets nicht unbeträchtlichen Anteil an Methan-C, der nicht aus den vorgenannten Quellen stammt, ablesen läßt, muß aber auch der degradierte Niedermoortorf selbst eine wichtige Rolle als Substrat für die Methanogenese spielen. Die für die Verhältnisse wiedervernäßter Niedermoore ermittelten Befunde weichen damit jedoch in verschiedener Hinsicht von den Resultaten anderer Autoren ab. So ermittelten CROZIER *et al.* (1995) anderes als hier eine enge Korrela-

122

tion zwischen der CO_2- und der Methanproduktion. Darüber hinaus fanden CHAN-
TON *et al.* 1995 für Moorstandorte in Minnesota, daß das neugebildete Methan
hauptsächlich der pflanzlichen Primärproduktion des aktuellen Jahres entstammte.
Ganz maßgeblich dürften diese Diskrepanzen auf Unterschiede in Art und Zusammensetzung der untersuchten Substrate zurückzuführen sein (speziell deren
C/N- bzw. Lignin/N-Verhältnis), wird doch die Methanogenese ähnlich wie die
CO_2-Bildung stark von Abbaubarkeit der organischen Substanz bzw. der Pflanzenreste beeinflußt (SEGERS 1998). Möglicherweise haben aber auch die spezifischen
Verhältnisse des rücküberstauten Niedermoore zu den abweichenden Ergebnissen
beigetragen. Um darüber Gewißheit zu erlangen, sind aber ebenfalls weiterführen-
de Experimente dringend erforderlich.

Literaturverzeichnis

ARMSTRONG, J.; ARMSTRONG, W.; BECKETT, P. M.; HALDER, J. E.; LYTHE, S.; HOLT, R.;
    SINCLAIR, A., 1996: Pathways of aeration and the mechanisms and beneficial
    effects of humidity- and venturi-induced convections in *Phragmites australis* (Cav.)
    trin. Ex Steud. *Aquatic Botany* **54**, 177–197.
AUGUSTIN, J.; MERBACH, W.; SCHMIDT, W.; REINING, E., 1996: Effect of changing
    temperature and water table on trace gas emission from minerotrophic mires.
    Angewandte Botanik **70**, 45–51.
CHANTON, J. P.; BAUER, J. E.; GLASER, P.; SIEGEL, D.; RAMONOWITZ, E.; TYLER, S.;
    KELLEY, C.; LAZRUS, A., 1995: Radiocarbon evidence for the substrates supporting
    methane formation within northern Minnesota peatlands. *Geochimica et Cosmochi-
    mica Acta* **59**, 3663–3668.
CROZIER, C. R.; DEVAI, I.; DELAUNE, R. D., 1995: Methane and reduced sulfur gas
    production by fresh and dried wetland soils. *Soil Science Society of America Journal*
    59, 277–284.
DANNENBERG, S.; CONRAD, R., 1999: Effect of rice plants on methane production
    and rhizospheric metabolism in paddy soil. *Biogeochemistry* **45**, 53–71.
HARTMANN, M.; KLIMANEK, E.-M.; AUGUSTIN, J., 1999: Quantifizierung der Kohlen-
    stoffumsetzungsprozesse im System Pflanze – Niedermoor: Einfluß von Pflanzen-
    art und Bodenvernässung. In: W. Merbach, L. Wittenmayer, J. Augustin (Hrsg.)
    Stoffumsatz im wurzelnahen Raum. Stuttgart, Leipzig: B. G. Teubner, 188–195.
KIENE, R. P., 1991: Production and consumption of methane in aquatic systems. In:
    J. E. Rodgers, W. B. Whitman (Hrsg.) *Microbial Production and Consumption of
    Greenhouse Gases: Methane, Nitrogen Oxides, and Halomethanes*. American Society of
    Microbiology, Washington D. C., 111–146.
KIM, J.; VERMA, S. B.; BILLEESBACH, D. P., 1998: Seasonal variation in methane
    emission from a temperate *Phragmites*-dominated marsh: effect of growth stage

and plant-mediated transport. *Global Change Biology* **5**, 433–440.

RICHERT, M.; AUGUSTIN, J.; MERBACH, W., 2000a: Die Verteilung von assimilierten Kohlenstoff im System Schilf – Niedermoortorf nach ^{14}C-Impulsmarkierung. In: W. Merbach, L. Wittenmayer, J. Augustin (Hrsg.) *Rhizodeposition und Stoffverwertung*. Stuttgart, Leipzig: B. G. Teubner, 28–33.

RICHERT, M.; SAARNIO, S.; JUUTINEN, S.; AUGUSTIN, J.; SILVOLA, J.; MERBACH, W., 2000b: Distribution of assimilated carbon in the system *Phragmites australis* — waterlogged peat soil after ^{14}C pulse labelling. *Biology and Fertility of Soils* **32**, 1–7.

SEGERS, R., 1998: Methane production and methane consumption: a review of process underlying wetland methane fluxes. *Biogeochemistry* **41**, 23–51.

VAN DER NAT, F.-J.; MIDDELBURG, J. J., 1998: Effects of two common macrophytes on methane dynamics in freshwater sediments. *Biogeochemistry* **43**, 79–104.

WATANABE, A.; YOSHIDA, M.; KIMURA, M, 1998: Contribution of rice straw carbon to CH_4 emission from rice paddies using ^{13}C-enriched rice straw. *Journal of Geophysical Research* **103**, Nr. D7, 8237–8242.

WHITING, G. J.; CHANTON, J. P., 1993: Primary production control of methane emission from wetlands. *Nature* **364**, 794–795.

Physiologie und Funktion von Pflanzenwurzeln. 11. Borkheider Seminar zur Ökophysiologie des Wurzelraumes
Hrsg.: W. Merbach, L. Wittenmayer, J. Augustin
B. G. Teubner — Stuttgart · Leipzig · Wiesbaden (2001), S. 124–130

Eine Wurzelkammer zur Quantifizierung der potentiellen Nährstoff- und Wasseraufnahme von Grobwurzeln an Bäumen im Freiland

Julia LINDENMAIR*, Egbert MATZNER* und Axel GÖTTLEIN[‡]
*Lehrstuhl für Bodenökologie, Bayreuther Institut für Terrestrische Ökosystem-forschung, Universität Bayreuth, Dr. Hans-Frisch-Straße 1–3, D-95440 Bayreuth; [‡]Lehrbereich Waldernährung, Technische Universität München, Am Hochanger 13, D-85354 Freising

Abstract

To quantify water and ion uptake by older suberized roots, a root chamber for field experiments was developed. The plexiglass chamber can be installed at intact coarse roots of mature trees including root diameters up to 5 cm. After filling the chamber with a nutrient solution, changes in water volume and ion concentration are recorded for several weeks throughout the growing season – to investigate the influence of different stages of growth and different weather conditions. The root chamber method proved to be able for measuring water and ion uptake through coarse tree roots in the field, where access to the root system is normally difficult.

Einleitung

Die bisherigen Untersuchungen zur Wasser- und Ionenaufnahme von Bäumen beziehen sich überwiegend auf Jungpflanzen, nur wenige wurden an Altbäumen (z. B. RENNENBERG *et al.* 1996) durchgeführt. In den meisten Arbeiten wird nur das junge Feinwurzelsystem für die Betrachtung des Wasser- bzw. Stoffhaushaltes herangezogen. Wie jedoch einige wenige ältere Arbeiten belegen, erfolgt bei Bäumen die Nährstoff- und Wasseraufnahme nicht nur in den jungen Teilen des Wurzelsystems, d. h. den Wurzelspitzen und Streckungszonen, sondern auch in den bereits suberinisierten, älteren Wurzelabschnitten (KRAMER 1946, CHUNG und KRAMER 1975). Über die Aufnahmeraten dieser älteren, verkorkten Wurzelzonen – insbesondere der Grobwurzeln – ist bislang nur wenig bekannt (MACFALL *et al.* 1990, STEUDLE und PETERSON 1998). Aufnahmestudien an intakten Wurzeln unter Freilandbedingungen sind selten (z. B. MARSCHNER *et al.* 1991, ESCAMILLA und COMERFORD 1998, DIEFFENBACH und MATZNER 2000), da der Zugang zum Wurzelsystem sehr schwierig ist. Um die potentielle Nährstoff- und Wasseraufnahme älterer, suberinisierter Grobwurzelsegmente von Waldbäumen direkt zu quantifizieren, sollte eine praxistaugliche Methode für den Freilandeinsatz entwickelt werden. Dazu sollte eine spezielle Wurzelkammer für Nährlösungsversuche konstruiert werden, die im Freiland an lebenden Wurzeln verschiedenen Alters und unterschiedlicher Stärke (bis maximal 5 cm Durchmesser) unter möglichst geringer Störung des natürlichen Wurzelsystems installiert werden kann. Zur Erfassung der zeitlichen Dynamik des Aufnahmeverhaltens der Wurzeln in Abhängigkeit von unterschiedlichen Wachstums- und Witterungsperioden sollte die Kammer über einen längeren Zeitraum am gleichen Wurzelsegment betrieben werden können und eine wiederholte Beprobung der angebotenen Nährlösung sowie eine einfache Messung des Wasservolumens ermöglichen.

Wurzelkammer

Den genannten Anforderungen entsprechend wurde in Anlehnung an KRAMER (1946) die in Abb. 1 gezeigte Wurzelkammer für Freilandexperimente konstruiert, die an einer intakten Baumwurzel installiert wird. Nach der Befüllung der Kammer mit einer definierten Nährlösung können sowohl die Aufnahme von Wasser als auch die durch die Wurzel induzierten Veränderungen in der angebotenen Nährlösung über einen Zeitraum von mehreren Wochen während der Vegetationsperiode erfaßt werden.

Aufbau und Materialien

Die durchsichtigen Kammern (Abb. 1) werden aus einer achteckigen Plexiglas-Profilstange hergestellt und sind in zwei Hälften unterteilt, die miteinander verschraubt werden. Die Abdichtung erfolgt an den Längsseiten durch Gummistreifen (Silikonkautschuk, 2 mm Stärke). An den Querseiten werden eingeschlitzte Gummiringe (Silikonkautschuk, 3 mm Stärke) an die Wurzel angepaßt, die der jeweiligen Wurzelform und dem Wurzeldurchmesser entsprechend ausgeschnitten und in die vorgesehenen Führungsschlitze im Kammerkörper eingesetzt werden. Um eine sichere Abdichtung zur Wurzel hin zu erzielen, wird in die beiden Außenbereiche der Kammer – begrenzt durch je zwei Gummiringe – eine kondensationsvernetzende Dichtmasse (*Xantopren L blau*, Fa. *Heraeus Kulzer*; Präzisionsabformmaterial auf Silikonbasis aus der Zahntechnik) eingespritzt, die innerhalb weniger Minuten aushärtet. Die Dichtmasse ist ungiftig und haftet auch auf feuchtem Untergrund gut. Jede Kammer besitzt zwei abschraubbare Plexiglasröhrchen (mit O-Ringen als Dichtung) mit einer Skalierung zur Volumenablesung, die mit zwei Gummistopfen (Silikonkautschuk) verschlossen werden. Um anaerobe Verhältnisse in der Kammerlösung zu vermeiden, wird sie über eines der Röhrchen mithilfe eines dünnen Tefzel-Schlauchs (Innendurchmesser: 0,3 mm, Fa. *Novodirect*) und einer Pumpe in Kombination mit einem Nadelventil (Feindosierventil Serie *S*, *Nupro*) kontinuierlich belüftet. An der unteren Kammerhälfte ist ein seitlicher Zylinder mit beweglichem Stempel angebracht, der ein variables Kammervolumen ermöglicht. Dadurch wird gewährleistet, daß die Kammer trotz Volumenabnahme infolge der Wurzelaufnahme im Laufe des Experimentes sowie der wiederholten Entnahme von Probelösung über einen längeren Zeitraum ohne Nachfüllen betrieben werden kann. Dazu wird der Stempel immer wieder nachjustiert, so daß das Kammerinnenvolumen im Zuge der Nährlösungsabnahme allmählich verkleinert wird und somit die Wurzel stets mit Lösung bedeckt bleibt.

In Vorversuchen mit Blindkammern (Einbettung eines Plexiglasstabes) zeigte sich das komplette Kammersystem bei Kontakt mit schwach konzentrierten Salzlösungen inert bezüglich der gemessenen und in der Bodenlösung relevanten Kationen NH_4^+, Ca^{2+}, K^+, Mg^{2+}, Na^+, Al^{3+} sowie der Anionen Cl^-, NO_3^- und SO_4^{2-}. Vortests zur Stoffausscheidung der Einzelmaterialien bei Einlegung in *Aqua dest.* ergaben für das reine auspolymerisierte Dichtmaterial *Xantopren* eine leichte Ca- und Na-Abgabe sowie einen deutlichen Auslaß von gelöstem organischem Kohlenstoff (DOC). Da das abgegebene DOC offenbar keine komplexierenden Eigenschaften besitzt, war kein Einfluß auf die untersuchten Ionen nachweisbar. Im Rahmen einer Versuchsdauer von mehreren Monaten erwiesen sich die verwendeten Materialien bezüglich ihrer Dichtungseigenschaften als alterungsbeständig gegenüber Temperaturschwankungen, Feuchtigkeit sowie der Einwirkung von Licht und Wurzelexudaten und sind somit für den Einsatz im Freiland geeignet.

Dimensionen

Zur Untersuchung unterschiedlicher Wurzelstärkeklassen (mögliche Einbettung von Grobwurzeln mit Durchmessern zwischen 0,2 und 5 cm) wurden sechs verschiedene Kammergrößen angefertigt, mit Durchmessern der Seitenöffnungen von 0,8, 1,5, 2,5, 3,5, 4,5 und 5,5 cm. Die Außenlänge ist mit 13,2 cm für alle Kammern gleich, die Länge des Kammerinnenraums beträgt stets 6 cm. Die Kammergröße wird somit nur über den Durchmesser des Kammerinnenraums verändert. Je nach Kammergröße variiert auch das Fassungsvermögen der Wurzelkammern zwischen 30 und 230 ml Nährlösung. Dabei nimmt der Seitenzylinder je nach Kammergröße 10...15 ml Volumen des gesamten Innenraums ein. Die Kammern wurden so konstruiert, daß das Volumen der beiden aufgeschraubten Röhrchen (Innedurchmesser 0,7 cm, Länge 20...26 cm) jeweils dem des Seitenzylinders entspricht.

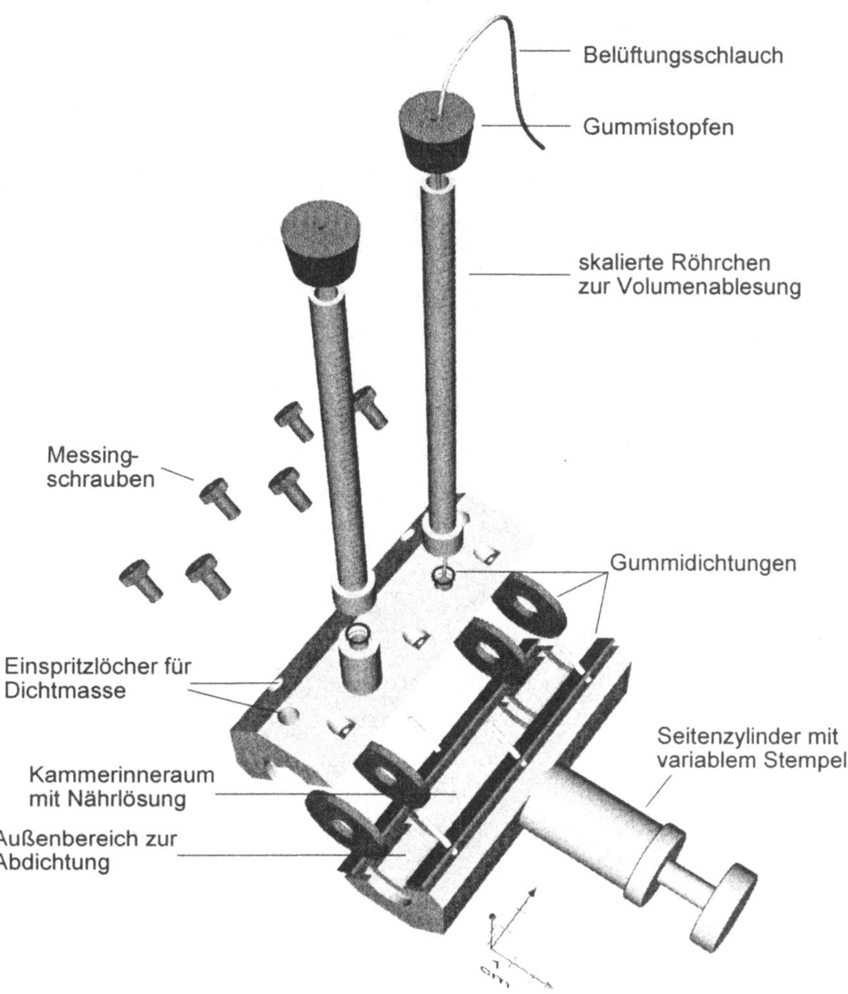

Abb. 1. Kontinuierlich belüftete Wurzelkammer aus Plexiglas mit variablem Seitenstempel zur Messung der Wasser- und Ionenaufnahme im Freiland.

Installation und Kammerbetrieb im Freiland

Unter möglichst geringer Zerstörung des umliegenden Wurzelsystems wird eine Baumwurzel auf einer Länge von ca. 20 cm mit Hilfe von Kleinwerkzeugen freigelegt. In diesem späteren Kammerabschnitt dürfen entsprechend der Fragestellung

– zur Quantifizierung der Aufnahme von Grobwurzeln – keine feinen Seitenwurzeln vorliegen sowie keine sonstigen Verzweigungen bzw. starken Krümmungen der Wurzel auftreten, die den Kammereinbau behindern. Zur Vermeidung von Verletzungen der Wurzel muß das Freipräparieren sehr vorsichtig erfolgen. Das Wurzelsegment wird dann mit einem Pinsel vorsichtig von Bodenmaterial gesäubert und mit der späteren Nährlösung abgespült. Nach Einbau und Abdichtung der Kammer wird sie mit einer definierten Lösungsmenge befüllt und in bestimmten Zeitabständen (z. B. täglich oder wöchentlich) das Wasservolumen gemessen und die Kammerlösung beprobt. Nach wiederholter Überprüfung der Dichtflächen wird die Wurzel seitlich wieder mit Bodenmaterial bedeckt. Zur Ermittlung des Verdunstungsverlustes sollte eine Blindkammer – ohne eingebettete Wurzel – unter ansonsten gleichen Bedingungen am Versuchsstandort mit betrieben werden. Der Kammereinbau ist sehr arbeitsaufwendig, da die Suche geeigneter Wurzelsegmente (seitenwurzelfreier, unverletzter Abschnitt; keine starken Krümmungen und störenden Nachbarwurzeln) aufgrund der nicht vorhersehbaren Wurzelverteilung und -morphologie oftmals sehr zeitintensiv ist.

Die Wurzelkammern werden im Freiland zur Vermeidung von Lichteinwirkung und zur Reduzierung von Temperaturschwankungen mit isolierenden Styrodurboxen abgedeckt. Die Kammer läuft im Normalbetrieb bei ausgezogenem Stempel und somit möglichst geringem Lösungsüberstand (Überdruck) in den Röhrchen. Zur Messung des Volumens wird der Belüftungsschlauch abgesteckt, und noch in der Kammer verbliebene Luftblasen werden durch gezielte Stempelbewegungen entfernt. Die Volumenablesung erfolgt bei vollständig eingedrücktem Stempel, so daß die Lösung in den skalierten Röhrchen nach oben steigt und der Lösungsstand markiert werden kann. Die Beprobung der Lösung erfolgt im Anschluß mit herausgezogenem Stempel – bei niedrigem Lösungsstand – durch Abschrauben des nicht belüfteten Röhrchens mithilfe einer 1-ml-Spritze (Probenmenge zwischen einigen 100 µl und wenigen ml). Die Probe wird vor Ort mit direkt auf die Spritze aufsetzbaren Mini-Cellulosefiltern (Porengröße 0,45 µm, *Minisart RC 4*, Fa. *Sartorius*) filtriert. Die Lösung wird jeweils vor der Beprobung durch Bewegen des Seitenstempels durchmischt.

Einsatzmöglichkeiten

Die neu entwickelten Wurzelkammern haben sich in den bisherigen Untersuchungen an Altfichten zur Ermittlung der Wasser- und Nährstoffaufnahme von Grobwurzeln in Abhängigkeit vom Wurzeldurchmesser im Freilandeinsatz bewährt (vgl. LINDENMAIR und MATZNER 2000). Das Aufnahmeverhalten wurde hier über einen mehrmonatigen Zeitraum erfaßt, um Einflüsse verschiedener Wachstums- und Witterungsperioden (Korrelation mit meteorologischen und bodenphysikalischen Parametern) auf die zeitliche Dynamik feststellen zu können. Es wurden u. a. Studien zum Einfluß der angebotenen N-Form (NH_4^+-N oder NO_3^--N) auf Aufnahmepräferenzen und Ionenkonkurrenzen durchgeführt. Dazu wurden die Kationen- und Anionenkonzentrationen (mit der Kapillarelektrophorese bzw. der Ionenchromatographie) sowie die *p*H-Werte der Lösungsproben (mit einer Mini-*p*H-Elektrode) analysiert. Weiterführend könnten die Wurzelkammern bei Analyse organischer Säuren zur näheren Untersuchung der Wurzelexudation von Bäumen verwendet werden. Für weitergehende, wiederholte Analysen, die ein hohes Probenvolumen erfordern, ist das Kammerlösungsvolumen jedoch der begrenzende Faktor.

Die ursprünglich für Grobwurzeln von Waldbäumen konzipierte Wurzelkammermethode kann auch zur Einbettung von Feinwurzelsträngen benutzt sowie an anderen Baumarten eingesetzt werden. Durch den Einsatz stabiler Isotope (z. B. ^{44}Ca, ^{41}K, ^{25}Mg) in der Wurzelkammerlösung kann die Aufnahme von Nährionen in verschieden alten Wurzelabschnitten näher lokalisiert werden (KUHN *et al.* 1995). Dazu werden die Wurzeln nach einer bestimmten Markierungsphase abgeschnitten und die Verteilung der stabilen Isotope im Wurzelgewebe verfolgt (LINDENMAIR und MATZNER 2000). Ferner sind Wurzelkammerversuche mit homogenisiertem Bodenmaterial und kontrollierter Befeuchtung denkbar, um die Wasser- und Ionenaufnahme – im Vergleich zu den bisher durchgeführten Nährlösungsversuchen (unter wassergesättigten Bedingungen) – unter natürlicheren Bedingungen zu erfassen.

Danksagung

Wir danken Dr. Pedro Gerstberger herzlich für die aufwendige CAD-Zeichnung der Wurzelkammer. Die Arbeit wurde vom BMFT unter Vorhaben Nr. BEO 51-0339476C finanziert.

Literaturverzeichnis

CHUNG, H. H.; KRAMER, P. J., 1975: Absorption of water and ^{32}P through suberized and unsuberized roots of Loblolly pine. *Canadian Journal of Forest Research* **5**, 229–235.

DIEFFENBACH, A.; MATZNER, E., 2000: *In situ* soil solution chemistry in the rhizosphere of mature Norway spruce (*Picea abies* [L.] Karst.) trees. *Plant and Soil* **222**, 149–161.

130

ESCAMILLA, J. A.; COMERFORD, N. B., 1998: Measuring nutrient depletion by roots of mature trees in the field. *Soil Science Society of America Journal* **62**, 797–804.

KRAMER, P. J., 1946: Absorption of water through suberized roots of trees. *Plant Physiology* **21**, 37–41.

KUHN, A. J.; BAUCH, J.; SCHRÖDER, W. H., 1995: Monitoring uptake and contents of Mg, Ca and K in Norway spruce as influenced by *p*H and Al, using microprobe analysis and stable isotope labelling. *Plant and Soil* **168/169**, 135–150.

LINDENMAIR, J.; MATZNER, E., 2000: Bedeutung verschiedener Wurzelzonen für die Ionen- und Wasseraufnahme von Altfichten. *Bayreuther Forum Ökologie* **78**, 130–140.

MACFALL, J. S.; JOHNSON, G. A.; KRAMER, P. J., 1990: Observation of a water-depletion region surrounding Loblolly pine roots by magnetic resonance imaging. *Proceedings of the National Academy of Sciences of the United States of America* **87**, 1203–1207.

MARSCHNER, H.; HÄUSSLING, M.; GEORGE, E., 1991: Ammonium and nitrate uptake rates and rhizosphere *p*H in non-mycorrhizal roots of Norway spruce [*Picea abies* (L.) Karst.]. *Trees* **5**, 14–21.

RENNENBERG, H.; SCHNEIDER, S.; WEBER, P., 1996: Analysis of uptake and allocation of nitrogen and sulphur compounds by trees in the field. *Journal of Experimental Botany* **47**, 1491–1498.

STEUDLE, E.; PETERSON, C. A., 1998: How does water get through roots? *Journal of Experimental Botany* **49**, 775–788.

Physiologie und Funktion von Pflanzenwurzeln. 11. Borkheider Seminar zur Ökophysiologie des Wurzelraumes
Hrsg.: W. Merbach, L. Wittenmayer, J. Augustin
B. G. Teubner — Stuttgart · Leipzig · Wiesbaden (2001), S. 131–136

Root proliferation of Norway spruce and Scots pine plants in response to local magnesium supply

Junling ZHANG* and Eckhard GEORGE[‡]

*Institute of Plant Nutrition (330), Hohenheim Universtity, D-70599 Stuttgart, Germany; [‡]Institute of Vegetable and Ornamental Crops (IGZ), Theodor-Echtermeyer-Weg 1, D-14979 Großbeeren, and Institute of Plant Production Sciences, Humboldt University, Berlin

Abstract

Nutrient sources in soils are often inhomogeneously distributed. In the present study root proliferation in response to Mg patches in soil was investigated by using a split-root system. The experiment demonstrated that the distribution of newly grown roots and the Mg concentrations of these roots can be strongly affected by soil nutrient supply, plant species and plant Mg nutritional status. In both Norway spruce and Scots pine plants, total root dry weight of newly grown roots was independent of the whole plant Mg nutritional status. Magnesium additions did not affect any parameters related to root morphology, irrespective of plant species and plant Mg nutritional status. Root Mg concentrations were increased in Mg-rich soil patches, but this accumulations of Mg varied with plant species. In Norway spruce plants, a marked patch Mg accumulation was only measured in Mg sufficient plants. In Mg deficient plants, a relatively homogenous distribution of root Mg concentrations was observed across all newly grown roots, although the highest Mg concentrations occurred in a patch with NPKMg supply. In Scots pine plants, Mg accumulations occurred irrespective of plant Mg nutritional status. These results suggest that tree root response to soil Mg patches is in contrast to root response to soil N, P and K patches.

Introduction

To date, research work on enhanced root proliferation in response to local nutrient enrichments has been confined mostly to root response to N (HODGE *et al.* 2000, FRIEND *et al.* 1990) or P (JACKSON and CALDWELL 1991), and less to K (JACKSON and CALDWELL 1991), Zn (SCHWARTZ *et al.* 1999), Cd (WHITING *et al.* 2000) and organic patches (HODGE *et al.* 1999). However, there has been no related research concerning root responses to Mg patches. In the present study, Mg sufficient and deficient seedlings of Norway spruce and Scots pine plants were used to investigate:

1. whether local Mg supply will enhance root proliferation,
2. whether this stimulation is related to plant Mg nutritional status, and
3. whether roots of Norway spruce and Scots pine plants have different behaviour concerning responses to Mg patches.

In a previous study, compared with Scots pine, Norway spruce was shown to be more responsive to localised nutrient supply due to the higher growth rate and lower root/shoot ratios (GEORGE *et al.* 1997).

Materials and Methods

Mg sufficient and deficient seedlings of Norway spruce and Scots pine plants were obtained by supplying them annually over five years with either 100 mg Mg/kg soil as $MgSO_4$ or no Mg. A mineral soil from Ludwigsreuth, Bayerischer Wald (southern Germany), was used in the pots of a split system.

Figure 1. Schematic set up of the experimental pots. Plants of Mg deficient and Mg sufficient Norway spruce and Scots pine grew in the main established large tube, and root proliferated into small pots where soil was either not fertilized (pot *1*: control), or supplied with Mg (pot *2*: *Mg*), with N, P, and K (pot *3*: *NPK*) or N, P ,K and Mg (pot *4*: *NPKMg*)

The experimental system (Figure 1) for each plant consisted of one large PVC tube and four black square pots of equal size (500 ml in volume). These pots were glued and tied together and the large PVC tube with the plant placed on top of it. The bottom of the PVC tube was closed by a 150 μm size mesh allowing penetration of new roots into the individual pots each with 500 g dry soil.

Soil in the small pots was supplied either without any nutrients as a control (pot *1*), or with Mg (*Mg*: pot *2*), or with N, P, and K (*NPK*: pot *3*), or with a mixture of N, P, K, and Mg (*NPKMg*: pot 4). Nitrogen, phosphate, potassium and magnesium were supplied respectively at rates of 150 mg N/kg soil as NH_4NO_3, 30 mg P/kg soil as NaH_2PO_4, 120 mg K/kg soil as K_2SO_4 and 100 mg Mg/kg soil as $MgSO_4 \cdot 7 H_2O$. The experiment was carried out with two plant species (Norway spruce and Scots pine), which were either Mg deficient or Mg sufficient, and each treatment had five replicates.

The experiment was conducted from October 1998 to July 1999. By the end of the experiment, plant shoots and roots were harvested separately. Plant shoots were divided into newly grown plant parts (which had emerged in 1999), one year old parts (which had emerged in 1998) and older plant tissues. Root length and the number of root tips per cm root length were determined afer washing roots from soil. Oven dried plant materials (65 °C) were used for nutrient analysis.

Results and Discussions

Plant Mg nutrient status was determined from the Mg concentrations in one year old needles of plants (data not shown). Results indicated that in the previously Mg unfertilized plants, Mg concentrations in one year needles of Norway spruce and Scots pine plants were sub-optimal according to the standard level (0.7...1.0 mg/g in one year needles of plant) reported by HÜTTL (1991). Previous Mg additions significantly increased needle Mg concentrations up to approximately 2.7 and 1.4 mg/g respectively, for Norway spruce and Scots pine plants, which was clearly in the Mg sufficiency range.

Root dry weight (RDW), specific root length (SRL), total root length (TRL) and number of root tips (NRT) are shown in Table 1. Root responses of Norway spruce in different nutrient patches varied largely depending on the nutrients and on plant Mg nutritional status. Plants did not show any response to Mg patches compared to the corresponding controls (*NPKMg* versus *NPK*; *Mg* versus soil without any fertilizers). This effect occurred irrespective of plant Mg nutritional status, implying that even under Mg deficiency stress, conifer tree seedlings may not modify root growth in response to Mg enriched sites. In Mg deficient plants, the local addition of NPK fertilizers (*NPKMg* and *NPK* treatments) significantly increased local RDW and TRL, but reduced local SRL compared to the control. The NRT results were quite variable. In Mg sufficient plants, SRL and NRT did not show significant differences between the various nutrient patches. In contrast to Norway spruce, in Scots pine plants, no significant differences in RDW, SRL, TRL and NRT were found between the different nutrient addition treatments. This was observed for both Mg deficient and sufficient plants.

Table 1. Root dry weight, specific root length, total root length, and number of root tips per centimeter root length of newly grown roots in pots with different nutrient supply. Roots in the pots were developed from established plant roots of Norway spruce and Scots pine plants, which were grown in a large tube. Plants either suffered from Mg deficiency or had an adequate Mg supply. One Way ANOVA followed by the Tukey's test for mean separation was used to test the statistical differences. Different letters in each row indicate that there is a significantly difference among means.

Plant	Mg supply	Root paramter	Treatment			
			Control	*Mg*	*NPK*	*NPKMg*
Norway spruce	defi-cient	root dry weight [g/pot]	0.62a	1.22a	1.83ab	3.10b
		specific root length [m/g]	70b	47ab	43a	43a
		total root length [m/pot]	38a	63a	90ab	131b
		number of root tips [per cm root lenght]	4.41b	2.78a	2.79a	3.77b
	suffi-cient	root dry weight [g/pot]	1.35a	1.28a	2.44b	2.49b
		specific root length [m/g]	39a	38a	36a	52a
		total root length [m/pot]	53a	41a	88b	134c
		number of root tips [per cm root lenght]	2.80a	3.51a	3.45a	2.70a
Scots pine	defi-cient	root dry weight [g/pot]	2.54a	1.31a	1.69a	1.73a
		specific root length [m/g]	38a	40a	45a	46a
		total root length [m/pot]	94a	53a	76a	72a
		number of root tips [per cm root lenght]	1.46a	1.21a	2.05a	1.57a
	suffi-cient	root dry weight [g/pot]	1.65a	1.30a	1.97a	1.88a
		specific root length [m/g]	51a	64a	48a	42a
		total root length [m/pot]	59a	55a	65a	73a
		number of root tips [per cm root lenght]	1.28a	1.51a	2.44a	1.54a

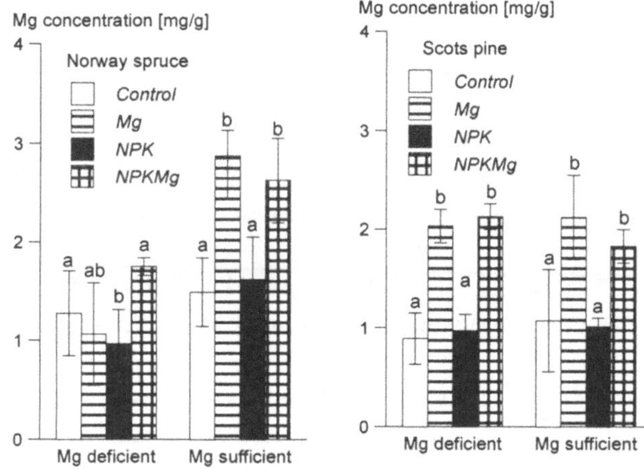

Figure 2. Mg concentrations in newly grown roots in pots with different nutrient supply. Roots in the pots were developed from the established plant roots of Norway spruce and Scots pine plants, which were grown in large tube. Plants either suffered from Mg deficiency or had an adequate Mg supply.

Root Mg clearly accumulated in newly grown roots in individual pots with soil Mg supply (Figure 2). However, in roots of Norway spuce, the enhanced Mg accumulations due to local Mg additions occured only when plants had sufficient Mg. In Mg deficient Norway spruce, differences in Mg concentrations in roots of various nutrient patches were greatly reduced. Probably, in this treatment most Mg taken up was preferentially translocated to the shoot. Root Mg concentrations of Scots pine plants were approximately twice as high in *Mg* and *NPKMg* patches than in corresponding control and *NPK* patches, and this response occured irrespective of the whole plant Mg nutritional status. This was in contrast to the distributions of N, P and K concentrations (data not shown). These elements occured in similar concentrations in roots of all patches.

GEORGE *et al.* (1997) also observed that root N, P and K concentrations did not differ between nutrient rich soils and nutrient poor soils, but Mg concentrations were accumulated when mixed nutrients were supplied. These authors hypothesised that when nutrients (in this case Mg) were not growth limiting, or when a species does not respond to increased local nutrient supply by increased growth (in their case Douglas fir), root nutrient concentrations increase in nutrient patches. Furthermore, higher root Mg concentrations are also related to the increased Mg uptake dynamics by plant roots in Mg rich soil patches. Such response to nutrient patches has been widely reported for P (CALDWELL *et al.* 1992, JACKSON and CALDWELL 1991).

In conclusion, soil Mg patches may not lead to a local increase in root growth, but in Mg uptake. The validity of this conclusion for other plant species must be tested in further experiments.

References

CALDWELL, M. M.; DUDLEY, L. M.; LILIEHOLM, B. C., 1992: Soil solution phosphate, root uptake kinetics and nutrient acquisition implications for a patchy soil environment. *Oecologia* **89**, 305–309.

FRIEND, A. L.; EIDE, M. R.; HINCKLEY, T. M., 1990: Nitrogen stress alters root proliferation in Douglas-fir seedlings. *Canadian Journal of Forest Reserach* **20**, 1523–1529.

GEORGE, E.; SEITH, B.; SCHAEFFER, C.; MARSCHNER, H., 1997: Response of *Picea, Pinus* and *Pseudotsuga* roots to heterogeneous nutrient distribution in soil. *Tree Physiology* **17**, 39–45.

HODGE, A.; ROBINSON, D.; GRIFFITHS, B. S.; FITTER, A. H., 1999: Nitrogen capture by plants grown in N-rich organic patches of contrasting size and strength. *Journal of Experimental Botany* **50**, 1243–1252.

HODGE, A.; ROBINSON, D.; FITTER, A. H., 2000: An arbuscular mycorrhizal inoculum enhances root proliferation in, but not nitrogen capture from, nutrient-rich patches in soil. *New Phytologist* **145**, 575–584.

HÜTTL, R. F., 1991: *Die Nährelementversogung geschädigter Wälder in Europa und Nordamerika.* Freiburger Bodenkundliche Abhandlungen, Heft 28, ISSN 0344-2691.

JACKSON, R. B.; CALDWELL, M. M.; 1991: Kinetic response of *Pseudoroegneria* roots to localized soil enrichment. *Plant and Soil* **138**, 231–238.

SCHWARTZ, C.; MOREL, J. L.; SAUMIER, S.; WHITING, S. N., BAKER, A. J. M., 1999: Root development of the zinc-hyperaccumulator plant *Thlaspi caerulescens* as affected by metal origin., content and localisation in soil. *Plant and Soil* **208**, 103–115.

WHITING, S. N.; LEAKE, J. R.; McGRATH, S. P.; BAKER, A. J. M., 2000: Positive response to Zn and Cd by roots of the Zn and Cd hyperaccumulator *Thlaspi caerulescens. New Phytologist* **145**, 199–210.

Physiologie und Funktion von Pflanzenwurzeln. 11. Borkheider Seminar zur Ökophysiologie des Wurzelraumes
Hrsg.: W. Merbach, L. Wittenmayer, J. Augustin
B. G. Teubner — Stuttgart · Leipzig · Wiesbaden (2001), S. 137–142

N-Freisetzung durch Ölrettich- und Weizenwurzeln unter Bodenbedingungen

Annette DEUBEL und Wolfgang MERBACH
Institut für Bodenkunde und Pflanzenernährung der Martin-Luther-Universität
Halle-Wittenberg, Adam-Kuckhoff-Straße 17 b, D-06108 Halle/Saale

Abstract

Knowledge about net-N release of living plant roots is of great importance for balance nitrogen in agrarian ecosystems and for calculation of N fertilization. In order to quantify this process spring wheat (*Triticum aestivum*) and oil radish (*Raphanus sativus*) were grown for six weeks in pots containing a 1 : 1 (w/w) mixture of soil and quartz sand. ^{15}N was applied three times to the shoots as $^{15}NH_3$ for three hours (100 ppm NH_3 with 95 at.-% $^{15}N_{exc.}$). Seven days after the last labelling period (tillering stage of wheat) first plants were harvested. Second harvest took place 18 days after last labelling (shooting stage). Total N and ^{15}N were measured in shoots, roots, and soil compartments using an elemental analyzer coupled with an emission spectrometer.

Both plant species assimilated 55 % of the ^{15}N offered. After one weak approximately 80 % of the ^{15}N incorporated by the plants were found in the shoots, 11...12 % in the roots and 6...7 % had been released in the soil. Net-N release of wheat roots increased up to the second harvest significantly (11 %) while root portion declined to 8 %. In contrast in the case of oilradish, N distribution was almost the same in both development stages, e. g. the N release seems to be in balance with re-incorporation in this time.

Einleitung

Für die N-Bilanzierung in Agrarökosystemen und für die N-Düngungsbemessung sind Kenntnisse über die Netto-N-Abgabe lebender Pflanzenwurzeln unter Bodenbedingungen von großer Bedeutung. Die in der Rhizosphäre höherer Pflanzen ablaufenden komplizierten Wechselwirkungen zwischen Wurzeln, Mikroorganismen und Bodenbestandteilen haben erhebliche Bedeutung für die Pflanzen- und Bodenentwicklung. Wurzelbürtige organische Verbindungen und ihre mikrobiellen Umsetzungsprodukte beeinflussen Löslichkeit, Sorption und Transport von Nähr- und Schadelementen, den Umsatz der organischen Bodensubstanz, die Aggregat-

138

stabilität und nicht zuletzt Zusammensetzung und Aktivität der Rhizosphärenflora. Da im Zuge ökologisch orientierter Bewirtschaftungsformen Zwischenfrüchte wie Ölrettich an Bedeutung gewinnen, ist es wichtig zu wissen, welchen Einfluß solche Kulturen auf den N-Haushalt im Boden haben.

Material und Methoden

Als Substrat diente eine Mischung (1 : 1 m/m) aus Boden des Versuchsfeldes in Halle und Quarzsand (695 g pro Gefäß) bei 60 % der maximalen Wasserkapazität. Als Grunddüngung wurde (bezogen auf 1 kg Versuchsboden) gegeben: 110 mg N als NH_4NO_3, 95 mg P als $CaHPO_4 \cdot 2\ H_2O$, 240 mg K als K_2SO_4, 54 mg Mg als $MgSO_4 \cdot 7\ H_2O$, 3 mg Fe als 5%ige $FeCl_3$-Lösung, 0,18 ml A-Z-Lösung nach Hoagland ($a + b$).

In jedes Gefäß wurden vier auf Filterpapier vorgekeimte Pflanzen (Weizen der Sorte ‚Lavett‘ bzw. Ölrettich der Sorte ‚Mator‘) gesetzt. Pro Erntetermin und Pflanzenart wurden vier Wiederholungen angelegt zuzüglich ein bis zwei Kontrollgefäßen, welche nicht mit begast wurden und einen Nachweis ermöglichen sollten, daß die Versuchspflanzen durch die Ammoniakbehandlung nicht geschädigt werden.

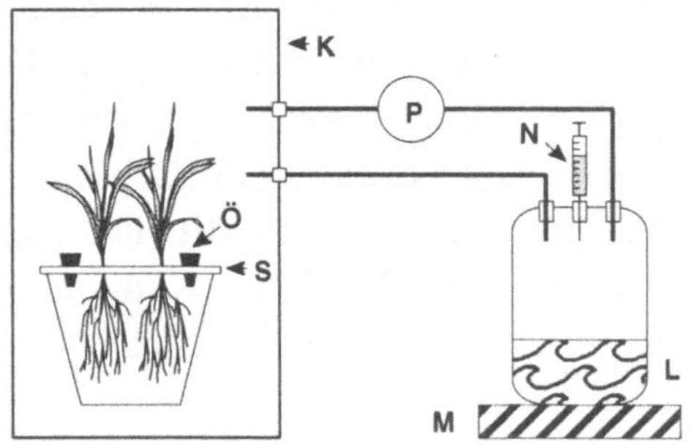

Abb 1. Versuchsaufbau: K — beleuchtete und klimatisierte Begasungsküvette mit regelbarem CO_2-Gehalt. P — Pumpe, $Ö$ — verschließbare Belüftungsöffnungen, S —Silikonkautschuk, M — Magnetrührer, N — $(^{15}NH_4)_2SO_4$-Lösung, L — Natronlauge

Um pflanzenbürtige N-Verbindungen von dem weit größeren Bodenpool unterscheiden zu können, ist eine Markierung mit ^{15}N erforderlich. Entsprechend Untersuchungen von Janzen and Bruinsma (1989) und Merbach et al. (2000) ist dafür eine Begasung der Sprosse mit $^{15}NH_3$ geeignet.

Dazu wurde der Bodenraum mit Silikonkautschuk gasdicht abgeschlossen. Nach sechswöchiger Anzucht (während der Bestockungsphase des Weizens bzw. dem 4...5-Blattstadium des Ölrettichs) erfolgte eine dreimalige Begasung für jeweils drei

Stunden mit 95 % ^{15}N-angereichertem Ammoniak (Versuchsaufbau vgl. Abb. 1). Die NH$_3$-Konzentration in der Begasungsluft lag bei ca. 100 ppm. Der Abstand zwischen zwei Begasungen betrug drei bis vier Tage. Sieben Tage nach der letzten Begasung erfolgte die erste Ernte, nach 18 Tagen die zweite. Der Weizen befand sich zu diesem Zeitpunkt in der Schoßphase.

Die Ernte und Gewinnung von Wurzelabscheidungen erfolgte mit Hilfe einer Abstauchmethode (GRANSEE und WITTENMAYER 2000). Sprosse und Wurzeln der Pflanzen wurden anschließend getrennt bei 60 °C getrocknet, kaltwasserlösliche Wurzelabscheidungen wurden gefriergetrocknet, der trocken abgeschüttelte Boden sowie der abgespülte Rhizosphärenboden sorgfältig von Wurzelresten befreit und luftgetrocknet.

Die Bestimmung von Gesamt-C und -N in den einzelnen Fraktionen erfolgte mit Hilfe eines Elementaranalysators. Der Anteil ^{15}N am Gesamt-N-Gehalt wurde emmissionsspektrometrisch (*NOI 7*, Fa. *FAN*, Leipzig) ermittelt.

Ergebnisse und Diskussion

Insgesamt waren die N-Gehalte der Sprosse relativ niedrig, was darauf deutet, daß die Stickstoffversorgung der Pflanzen trotz mehrmaliger Nachdüngung unzureichend war. Etwa 55 % des eingesetzten ^{15}N wurden bei beiden Pflanzenarten in den untersuchten Fraktionen wiedergefunden.

Tab. 1. ^{15}N-Abundanz [at.-% ^{15}N$_{exc.}$] in Sproß, Wurzel, Rhizosphäre und Restboden von Weizen und Ölrettich in zwei Entwicklungsstadien.

Pflanzen-art	Ernte	Sproß	Wurzel	Rhizosphäre			Rest-boden
				Spül-wasser	Rhizo-boden	gesamt	
Weizen	1.	5,65	2,09	0,20	0,21	0,21*	0,19*
	2.	4,88	1,94	0,38	0,25$^+$	0,26^{+*}	0,26*
Ölrettich	1.	6,49	2,23	0,09	0,17	0,17	0,22
	2.	6,80	2,62	0,16	0,18$^+$	0,18$^+$	0,19

*) signifikanter Unterschied zwischen der 1. und 2. Ernte innerhalb einer Variante (t-Test, P < 0,05),

$^+$) signifikanter Unterschied zwischen den zwei Pflanzenarten innerhalb einer Ernte (t-Test, P < 0,05).

140

Mit ca. 5...7 at.-% $N_{exc.}$ war der Markierungsgrad der Sprosse nicht sehr hoch, reichte aber aus, eine N-Freisetzung der Pflanze in den Boden in allen drei untersuchten Fraktionen (Spülwasser = wasserlösliche N-Verbindungen in der Rhizosphäre, Rhizosphärenboden und Restboden) sicher nachzuweisen (vgl. Tab. 1). Die N-Anreicherung in der Wurzel (at.-% $N_{exc.}$) betrug beim Weizen 37 bzw. 40 % (1. bzw. 2. Ernte), beim Ölrettich 34 bzw. 39 % des Sproßmarkierungsgrades. Dies stimmt mit Literaturbefunden (JANZEN und BRUINSMA 1989, MERBACH und SCHULZE 1998) überein.

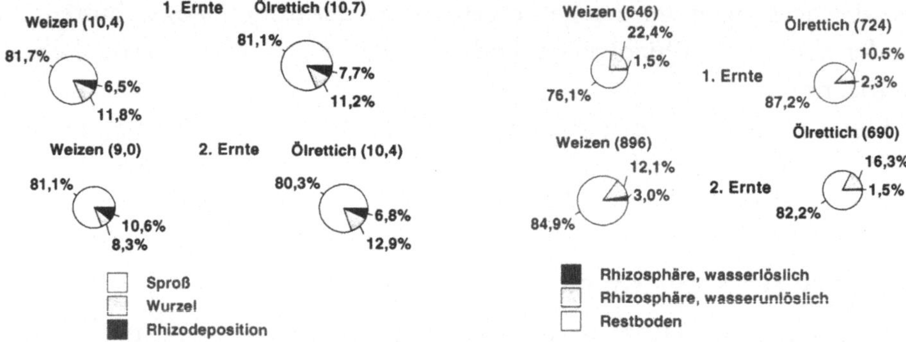

Abb. 2. Prozentuale Aufteilung des wiedergefundenen ^{15}N auf Sproß, Wurzel und Rhizodepostion. Zahlen in Klammern sind Absolutwerte in mg ^{15}N je Gefäß.

Abb. 3. Prozentuale Aufteilung des in die Rhizosphäre freigesetzten ^{15}N. Zahlen in Klammern sind Absolutwerte in µg ^{15}N pro Gefäß.

Bedingt durch die relativ kleinen Anzuchtgefäße waren wurzelbürtige N-Verbindungen relativ gleichmäßig in allen untersuchten Bodenfraktionen verteilt. Abb. 2 zeigt die prozentuale Aufteilung des wiedergefundenen ^{15}N. Der mit ca. 80 % weitaus größte Teil befand sich bei beiden Pflanzenarten zu beiden Terminen im Sproß, 11...12 % zum ersten Erntezeitpunkt in der Wurzel. 6...7 % des inkorporierten ^{15}N wurden bei beiden Pflanzenarten bis zum ersten Erntetermin in den Boden freigesetzt. Beim Weizen nahm der Wurzelanteil von der ersten zur zweiten Ernte ab zugunsten einer erhöhten Rhizodeposition, während beim Ölrettich eher eine umgekehrte Tendenz erkennbar war, die aber nicht gesichert werden konnte. Bei Untersuchungen der Rhizodeposition verschiedener Pflanzenarten auf Basis einer ^{14}C-Markierung wurde festgestellt, daß sich die Freisetzung organischer Verbindungen durch die Wurzeln von Ölrettich sowohl quantitativ als auch qualitativ erheblich von Weizen und vielen anderen Kulturpflanzen unterscheidet. So betrug die C-Freisetzung beim Weizen 25 %, beim Ölrettich nur 10 % der Netto-CO_2-Assimilation (MERBACH und RUPPEL 1992). Der wasserlösliche Teil der Wurzelabscheidungen enthielt dabei erheblich mehr Aminosäuren (24 %) und andere organische Säuren (57 %) als beim Weizen (6 bzw. 34 %) (MERBACH et al. 1999), so daß insgesamt eine etwa gleiche N-Freisetzung denkbar ist.

Der Anteil ^{15}N in der Rhizodeposition am insgesamt im System befindlichen ^{15}N liegt mit 6,3...10,7 % (entsprechend 6,6...11,1 % des in den Pflanzen befindlichen ^{15}N) relativ hoch. In der Literatur liegen die Werte für die N-Freisetzung meist bei etwa 5...6 % (MERBACH et al. 1995, 1997, 1999) der im System befindlichen ^{15}N-Menge. Ursache können die kleinen Anzuchtgefäße sein, welche das Wurzelwachstum begrenzten, so daß diese Fraktion einen höheren Anteil abgestorbener Wurzelteile enthalten könnte, als das für das jeweilige Entwicklungsstadium typisch ist. Daneben bestätigen sich beim Weizen aber auch Literaturhinweise (JANZEN 1990, JANZEN und BRUINSMA 1989, OFOSU-BUDU et al. 1990), daß in späteren Entwicklungsstadien höhere N-Mengen in den Boden verlagert werden. Beim Ölrettich war dagegen kein signifikanter Unterschied in der ^{15}N-Verteilung zwischen beiden Ernteterminen festzustellen. Abb. 3 zeigt die prozentuale Aufteilung der freigesetzten N-Verbindungen auf einzelne Fraktionen.

Da die freigesetzten N-Verbindungen relativ gleichmäßig über die Gefäße verteilt waren, fand sich die größte Menge im Restboden. Der weitaus größte Teil des in der Rhizosphäre wiedergefundenen ^{15}N war in wasserunlöslicher Form im Boden gebunden, was Ergebnisse von MERBACH et al. (1999) und REINIG et al. (1995) bestätigt. Insgesamt bestätigte sich die gute Aufnahme von [15]N über eine Ammoniak-Sproßbegasung. Beim Weizen stieg der Anteil der Rhizodeposition am wiedergefundenen ^{15}N mit zunehmenden Pflanzenalter und kann während der Schoßphase mit 10,7 % des im System befindlichen ^{15}N bzw. 11,1 % des ^{15}N-Gehaltes der Pflanze beträchtliche Größenordnungen erreichen. Beim Ölrettich dagegen stellte sich vom ersten zum zweiten Erntetermin offensichtlich ein Gleichgewicht zwischen N-Freisetzung und Wiederaufnahme ein. Möglicherweise hängt dies mit erheblichen Unterschieden in der Zusammensetzung der Rhizodeposition ab. So könnte ein engeres C/N-Verhältnis eine stärkere Mineralisierung und Wiederaufnahme des wurzelbürtigen Stickstoffs begünstigen.

Literaturverzeichnis

GRANSEE, A.; WITTENMAYER, L., 2000: Qualitative and quantitative analysis of water-soluble root exudates in relation to plant species and development. *Journal of Plant Nutrition and Soil Science* **163**, 381–385.

JANZEN, H. H., 1990: Deposition of nitrogen into the rhizosphere by wheat roots. *Soil Biology and Biochemistry* **22**, 1155–1160.

JANZEN, H. H.; BRUINSMA, Y., 1989: Methodology for the quantification of root and rhizosphere nitrogen dynamics by exposure of shoots to nitrogen-15 labelled ammonia. *Soil Biology and Biochemistry* **21**, 189–196.

MERBACH, W.; MIRUS, E.; JÄGER, R.; REMUS, R.; RUPPEL, S.; RUSSOW, R.; GRANSEE, A., 1997: Freisetzung von C- und N-Verbindungen durch Pflanzenwurzeln und ihre mögliche ökologische Bedeutung. *Mitteilungen der Deutschen Bodenkundlichen Gesellschaft* **85**, 695–698.

MERBACH, W.; MIRUS, E.; KNOF, G.; REMUS, R.; RUPPEL, S., RUSSOW, R.; GRANSEE, A.; SCHULZE, J., 1999: Release of carbon and nitrogen compounds by plant roots and their possible ecological importance. *Journal of Plant Nutrition and Soil Science* **162**, 373–383.

MERBACH, W.; REINING, E.; KNOF, G., 1995: ^{15}N-Freisetzung durch Weizenwurzeln in einen sandigen Boden Nordostdeutschlands. *Mitteilungen der Deutschen Bodenkundlichen Gesellschaft* **76**, 883–886.

MERBACH, W.; RUPPEL, S., 1992: Influence of microbial colonization on $^{14}CO_2$ assimilation and amounts of root-borne ^{14}C compounds in soil. *Photosynthetica* **26**, 551–554.

MERBACH, W.; SCHULZE, J., 1998: ^{15}N-Freisetzung durch Weizenwurzeln unter Bodenbedingungen. *Mitteilungen der Gesellschaft für Pflanzenbauwissenschaften* **11**, 231–232.

MERBACH, W.; SCHULZE, J.; RICHERT, M.; RROÇO, E.; MENGEL, K., 2000: A comparison of different ^{15}N application techniques to study the N net rhizodeposition in the plant-soil system. *Journal of Plant Nutrution and Soil Science* **163**, 375–379.

OFOSU-BUDU, K. G.; FUJITA, K.; OGATA, J. J., 1990: Excretion of ureides and other nitrogenous compounds by the root system of soybeans at different growth stages. *Plant and Soil* **128**, 135–142.

REINIG, E.; MERBACH, W.; KNOF, G., 1995: ^{15}N distribution in wheat and chemical fractionation of root-borne ^{15}N in the soil. *Isotopes in Environmental and Health Studies* **31**, 345–349.

Verzeichnis der Teilnehmer

Dr. Claudia Augustin, Institut für Landnutzungssysteme und Landschaftsökologie im ZALF Müncheberg, Eberswalder Straße 84, D-15374 Müncheberg

Dr. Jürgen Augustin, Institut für Primärproduktion und Mikrobielle Ökologie im ZALF Müncheberg, Eberswalder Straße 84, D-15374 Müncheberg

Dr. Heidrun Beschow, Institut für Bodenkunde und Pflanzenernährung der Martin-Luther-Universität Halle–Wittenberg, Adam-Kuckhoff-Straße 17 b, D-06108 Halle/Saale

Dr. Abad Chabbi, Lehrstuhl für Bodenschutz und Rekultiverung, Brandenburgische Technische Universität Cottbus, Universitätsplatz 3–4, D-03044 Cottbus

Dr. Annette Deubel, Institut für Bodenkunde und Pflanzenernährung der Martin-Luther-Univeristät Halle-Wittenberg, Adam-Kuckhoff-Straße 17 b, D-06108 Halle/Saale

Komi Egle, Institut für Agrikulturchemie der Georg-August-Universität Göttingen, Von-Siebold-Straße 6, D-37075 Göttingen

Dr. Wolfgang Gans, Institut für Bodenkunde und Pflanzenernährung der Martin-Luther-Universität Halle–Wittenberg, Adam-Kuckhoff-Straße 17 b, D-06108 Halle/Saale

Dr. Jörg Gerke, Ausbau 5, D-18258 Rukieten

PD Dr. Eckhard George, Institut für Gemüse- und Zierpflanzenbau Großbeeren/Erfurt e. V., Theodor-Echtermeyer-Weg 1, D-14979 Großbeeren

Holger Grünewald, Lehrstuhl für Bodenschutz und Rekultivierung, Brandenburgische Technische Universität Cottbus, Universitätsplatz 3-4, D-03044 Cottbus

Edzard Hangen, Lehrstuhl für Bodenschutz und Rekultivierung, Brandenburgische Technische Universität Cottbus, PF 10 13 44, D-03013 Cottbus

Esther Hoberg, Institut für Angewandte Botanik der Universität Hamburg, Marseiller Straße 7, D-20355 Hamburg

Prof. Dr. Charlotte Hecht-Buchholz, Heiligendammer Straße 18, D-14199 Berlin

144

Andrea Jonitz, Referat Saatgutprüfung und Angewandte Botanik, LUFA Augustenberg, Neßlerstraße 23, D-76227 Karlsruhe

Angelika Kania, Institut für Pflanzenernährung der Universität Hohenheim, Fruwirthstraße 20, D-70593 Stuttgart

PD Dr. Harald Kosegarten, Institut für Pflanzenernährung der Justus-Liebig-Universität Gießen, Südanlage 6, D-35390 Gießen

Dr. Rolf. O. Kuchenbuch, Institut für Primärproduktion und Mikrobielle Ökologie im ZALF Müncheberg, Eberswalder Straße 84, D-15374 Müncheberg

Julia Lindenmair, Bayrisches Institut für terrestrische Ökosystemforschung, Dr.-Hans-Frisch-Straße 1–3, D-95448 Bayreuth

Ardian Maçi, Institut für Pflanzenernährung der Justus-Liebig-Universität Gießen, Südanlage 6, D-35390 Gießen

Prof. Dr. Wolfgang Merbach, Institut für Bodenkunde und Pflanzenernährung der Martin-Luther-Universität Halle–Wittenberg, Adam-Kuckhoff-Straße 17 b, D-06108 Halle/Saale

Caroline Müller, Institut für Pflanzenernährung der Justus-Liebig-Universität Gießen, Heinrich-Buff-Ring 26–32, D-35392 Gießen

Steffen Müller, Lehrstuhl für Bodenschutz und Rekultivierung, Brandenburgische Technische Universität Cottbus, Universitätsplatz 3–4, D-03044 Cottbus

Elke Neumann, Institut für Pflanzenernährung der Universität Hohenheim, Fruwirthstraße 20, D-70593 Stuttgart

Dr. Gisa-Wilhelmine Rathke, Institut für Bodenkunde und Pflanzenernährung der Martin-Luther-Universität Halle–Wittenberg, Adam-Kuckhoff-Straße 17 b, D-06108 Halle/Saale

Dr. Maja Richert, Institut für Bodenkunde und Pflanzenernährung der Martin-Luther-Universität Halle–Wittenberg, Adam-Kuckhoff-Straße 17 b, D-06108 Halle/Saale

Angelika Rumberger, Institut für Angewandte Botanik, Abteilung Nutzpflanzenbiologie der Universität Hamburg, Marseiller Straße 7, D-20355 Hamburg

Dr. Silke Ruppel, Institut für Gemüse- und Zierpflanzenbau Großbeeren/Erfurt e. V., Theodor-Echtermeyer-Weg 1, D-14979 Großbeeren

Dr. Uwe Schneider, Lehrstuhl für Bodenschutz und Rekultivierung, Brandenburgische Technische Universität Cottbus, Postfach 10 13 44, D-03013 Cottbus

Prof. Dr. Sven Schubert, Institut für Pflanzenernährung der Justus-Liebig-Universität Gießen, Heinrich-Buff-Ring 26–32, D-35392 Gießen

Dr. Dietmar Schwarz, Institut für Gemüse- und Zierpflanzenbau Großbeeren/ Erfurt e. V., Theodor Echtermeyer Weg 1, D-14979 Großbeeren

Klaus-Dieter Voigt, Institut für Ernährungswissenschaften der Friedrich-Schiller-Universität Jena, Dornburger Straße 25, D-07743 Jena

Dr. Lutz Wittenmayer, Institut für Bodenkunde und Pflanzenernährung der Martin-Luther-Universität Halle-Wittenberg, Adam-Kuckhoff-Straße 17 b, D-06108 Halle/Saale

Junling Zhang, Institut für Pflanzenernährung (330), Universität Hohenheim, D-70599 Stuttgart

Kerstin Zirr, Institut für Ernährungswissenschaften der Friedrich-Schiller-Universität Jena, Dornburger Straße 25, D-07743 Jena

Autorenregister

Sachregister